宁夏典型森林生态系统
土壤有机碳循环过程及稳定性
维持机制研究

李学斌　陈　林　庞丹波　等　著

科学出版社

北京

内 容 简 介

本书以宁夏贺兰山、罗山和六盘山为研究区域，以不同海拔梯度下森林土壤为研究对象，运用野外调查与室内分析检测相结合的方法，研究贺兰山、罗山和六盘山森林土壤有机碳含量的海拔格局，估算贺兰山、罗山和六盘山森林土壤有机碳储量，探究气候、植被和土壤对不同气候区森林土壤有机碳含量的影响，以及探究影响不同气候区土壤有机碳含量变化的关键因子，揭示森林土壤有机碳含量空间差异的机制，可为积极应对全球气候变化及科学管理森林碳库提供数据参考。

本书可供普通高等院校林学、生态学、环境科学、水土保持与荒漠化防治等相关专业参考。

图书在版编目 (CIP) 数据

宁夏典型森林生态系统土壤有机碳循环过程及稳定性维持机制研究 / 李学斌等著. -- 北京：科学出版社，2025.6. -- ISBN 978-7-03-079935-7

Ⅰ. S718.55；S153.6

中国国家版本馆 CIP 数据核字第 2024EC9832 号

责任编辑：王　静　付　聪 / 责任校对：严　娜
责任印制：肖　兴 / 封面设计：无极书装

科 学 出 版 社 出版

北京东黄城根北街 16 号
邮政编码：100717
http://www.sciencep.com

北京中科印刷有限公司印刷
科学出版社发行　各地新华书店经销

*

2025 年 6 月第 一 版　　开本：720×1000 1/16
2025 年 6 月第一次印刷　　印张：12 1/4
字数：247 000

定价：198.00 元

（如有印装质量问题，我社负责调换）

《宁夏典型森林生态系统土壤有机碳循环过程及稳定性维持机制研究》著者名单

主要著者：李学斌　陈　林　庞丹波

其他著者：吴梦瑶　马进鹏　胡　杨　刘　波

　　　　　张雅琪　刘丽贞　祝忠有　陈高路

　　　　　杨　勇　倪细炉　万红云

前　言

森林土壤是陆地生态系统最大的有机碳库之一，在全球碳循环中扮演着源与汇的作用。土壤有机碳具有明显的空间异质性和明显的尺度效应，研究的尺度不同，主导土壤有机碳含量差异的关键因子也不相同。系统研究山地森林生态系统不同海拔土壤有机碳含量、化学结构及其稳定性，阐明土壤有机碳含量及组分沿海拔梯度的变化规律，揭示物理、化学、生物作用对不同海拔有机碳储量的影响，可为揭示山地生态系统土壤有机碳稳定机制及森林培育提供科学依据。

本研究选取宁夏不同气候区的贺兰山、罗山和六盘山为研究区域，分析宁夏三山森林生态系统土壤有机碳含量沿海拔梯度的变化特征，探究土壤碳循环的关键过程，并结合结构方程模型探讨气候、植被、土壤因子及三者间的交互作用对土壤有机碳含量、碳循环过程的影响，揭示宁夏森林生态系统土壤有机碳维持的物理、化学和微生物驱动机制，为未来森林碳库的科学管理及应对气候变化提供一定的数据参考。

该研究承蒙国家自然科学基金项目（32201631、32371964）、宁夏回族自治区重点研发计划项目（2018BFG02015、2021BEG02005、2023BEG02049）、第三批宁夏青年科技人才托举工程项目（TJGC2018068）、宁夏大学生态学"双一流"建设经费联合资助，特致谢意。

本书分为 3 篇共 11 章，全书由李学斌、陈林、庞丹波负责统稿，各章节编写人员依次如下。第一篇由李学斌负责统稿：第 1 章由李学斌、倪细炉、刘波负责编写；第 2 章由刘波、刘丽贞负责编写；第 3 章由祝忠有、庞丹波负责编写；第 4 章由胡杨、祝忠有、庞丹波负责编写。第二篇由陈林负责统稿：第 5 章由陈高路、马进鹏、陈林负责编写；第 6 章由陈高路、陈林负责编写；第 7 章由杨勇、马进鹏负责编写；第 8 章由刘丽贞、吴梦瑶负责编写。第三篇由庞丹波负责统稿：第 9 章由吴梦瑶、张雅琪、陈林负责编写；第 10 章由万红云、吴梦瑶负责编写；第 11 章由马进鹏、万红云负责编写。李冰、刘泽华、赵娅茹、李玉蓉、李慧、陈轲林、龙进潇等在文字校对、图表绘制和完善等方面做了大量工作，在此表示感谢！同时还要感谢科学出版社编辑对本著作的辛劳付出！

限于作者水平，书中不足和疏漏之处在所难免，敬请读者批评、指正。

著　者

2024 年 9 月 28 日

目 录

第三篇 宁夏山地森林土壤有机碳含量维持机制

第 一 篇

宁夏山地森林土壤有机碳时空分布

第1章 贺兰山土壤有机碳分布格局

1.1 贺兰山不同海拔土壤理化特征分析

1.1.1 研究区概况

宁夏贺兰山国家级自然保护区位于宁夏银川平原和阿拉善高原之间，位于38°19′N～39°22′N，105°49′E～106°41′E，气候类型属于温带大陆性气候，年平均气温–0.8℃，年平均降水量420mm，年平均蒸发量2000mm，无霜期60～70d，平均海拔 2000～3000m。贺兰山植被类型和土壤类型具有明显的垂直分布规律。随海拔的升高，植被类型依次为荒漠草原、山地疏林草原、针阔混交林、温性针叶林、寒性针叶林和高山草甸；土壤类型依次为风沙土、灰漠土、棕钙土、灰褐土、亚高山草甸土。主要树种有青海云杉（*Picea crassifolia*）、油松（*Pinus tabuliformis*）、杜松（*Juniperus rigida*）、旱榆（灰榆，*Ulmus glaucescens*）、山杨（*Populus davidiana*）等。

1.1.2 样地设置

2018 年 8 月下旬，在贺兰山海拔 1700～2600m 选取地形相近的区域进行样地布设。海拔每升高 200m 设置 1 个海拔梯度，共设置 5 个海拔梯度。每个海拔梯度内设置 3～5 个 20m×20m 的样方，使用全球定位系统（GPS）和罗盘仪测量并记录每个样方的经纬度、海拔、坡度和坡向。每个样方沿 "S" 形设置 5 个采样点，用 5cm 直径土钻分别在 0～20cm 和 20～40cm 土层中采集土壤样品，将同一土层的土壤样品混合装袋，带回实验室进行指标测定。同时，使用 100cm³ 环刀分层采集土壤，用于测定土壤容重。

采集的样品自然风干后过 2mm 筛，用于土壤理化指标的测定，测定方法参照张光亮等（2018）和鲍士旦（2000）。土壤有机碳含量采用重铬酸钾氧化法测定；土壤 pH 采用电位法测定（水土质量比为 2.5∶1）；土壤电导率使用电导率仪测定；土壤粒度使用马尔文激光粒度仪（Master 2000）测定。

1.1.3 数据处理

数据使用 Excel 和 SPSS 24.0 软件进行处理、统计和分析。采用单因素方差分析来比较贺兰山不同海拔之间和不同土层之间土壤有机碳含量的差异；采用最小显著性差异法进行多重比较，差异显著性水平为 α=0.05。采用双因素方差分析探究海拔、土层深度及两者的相互作用对土壤理化性质的影响。用 Origin 2018 对贺兰山不同海拔梯度下土壤有机碳的含量进行多项式拟合。图表数据为平均值±标准误。

1.1.4 贺兰山同一土层不同海拔梯度土壤理化性质分析

同一土层不同海拔梯度土壤理化性质分析如图 1-1 所示。在整个土壤剖面，土壤 pH、土壤有机碳含量、土壤黏粒含量和土壤粉粒含量在海拔梯度间存在差异；而土壤砂粒含量在不同海拔梯度间差异未达到显著水平。贺兰山不同海拔梯度土壤有机碳含量均值为 12.09～53.35g/kg，最大值出现在海拔 2100～2300m 的 20～40cm 土层；最小值出现在海拔 1900～2100m 的 0～20cm 土层。从同一土层不同海拔梯度来看，海拔 2100～2300m 和 2300～2500m 处土壤有机碳含量显著高于其他海拔梯度（$P<0.05$）。

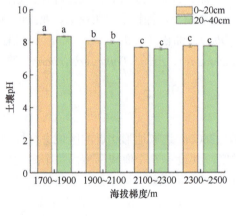
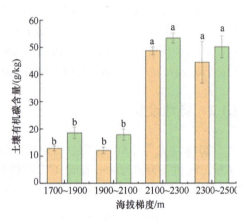
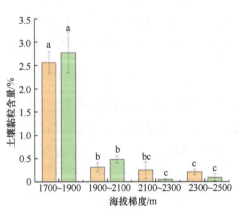
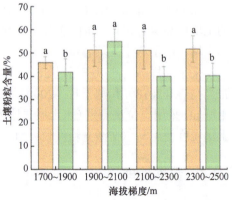

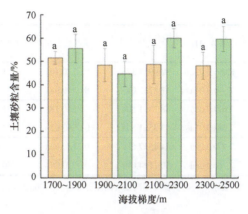

图 1-1 贺兰山不同海拔梯度土壤理化性质分析

不含相同小写字母表示同一土层不同海拔梯度间差异显著（$P<0.05$）

贺兰山不同海拔梯度土壤 pH 均值为 7.58～8.46，最大值出现在海拔 1700～
1900m 的 0～20cm 土层，最小值出现在海拔 2100～2300m 的 20～40cm 土层。贺
兰山不同海拔土壤主要颗粒为粉粒和砂粒，两者含量之和在 96%以上，土壤黏粒
含量很少。从不同海拔梯度来看，土壤黏粒含量在海拔 1700～1900m 处相对较多，
在海拔 2100～2300m 和 2300～2500m 处相对较少。土壤粉粒含量在海拔 1900～
2100m 处相对较多，在海拔 1700～1900m 处相对较少。土壤砂粒含量在海拔 1700～
1900m、2100～2300m 和 2300～2500m 处相对较多，在海拔 1900～2100m 处相对
较少。

1.1.5 贺兰山同一海拔梯度不同土层土壤理化性质分析

由表 1-1 可以看出，同一海拔梯度不同土层的土壤理化性质存在差异。同
一海拔梯度土壤有机碳含量随土层加深的变化不显著，20～40cm 土层的土壤
有机碳含量高于 0～20cm 土层。同一海拔梯度土壤 pH 随土层加深变化不显著。
土壤黏粒含量在 1700～1900m 和 1900～2100m 海拔梯度随土层变化不显著，
2100～2300m 和 2300～2500m 海拔梯度处 20～40cm 土层土壤黏粒含量显著低
于 0～20cm 土层。同一海拔梯度土壤粉粒含量和土壤砂粒含量随土层加深均无
显著变化。

表 1-1 贺兰山同一海拔梯度不同土层土壤理化性质比较

海拔梯度/ m	土层深度/ cm	土壤 pH	土壤有机碳含量/ （g/kg）	土壤黏粒含量/%	土壤粉粒含量/%	土壤砂粒含量/%
1700～1900	0～20	8.46±0.04a	12.84±0.91a	2.65±0.24a	45.88±2.56a	51.47±2.77a
	20～40	8.35±0.05a	18.54±2.09a	2.77±0.43a	41.76±5.77a	55.47±6.19a

续表

海拔梯度/m	土层深度/cm	土壤 pH	土壤有机碳含量/(g/kg)	土壤黏粒含量/%	土壤粉粒含量/%	土壤砂粒含量/%
1900~2100	0~20	8.09±0.02a	12.09±1.17a	0.31±0.10a	51.29±6.97a	48.40±7.07a
	20~40	7.99±0.07a	17.87±2.04a	0.48±0.08a	54.89±5.35a	44.63±5.41a
2100~2300	0~20	7.67±0.03a	48.73±1.50a	0.25±0.18a	51.07±8.05a	48.69±8.21a
	20~40	7.58±0.07a	53.35±1.85a	0.05±0.02b	39.97±4.17a	60.03±4.19a
2300~2500	0~20	7.77±0.09a	44.45±7.68a	0.21±0.06a	51.63±5.72a	48.16±5.78a
	20~40	7.76±0.04a	50.11±4.01a	0.09±0.08b	40.27±5.36a	59.64±5.43a

注：同列不同小写字母表示同一海拔梯度不同土层间差异显著（$P<0.05$）。

1.1.6 贺兰山海拔和土层深度对土壤理化性质的影响

由表 1-2 可以看出，海拔对土壤 pH、土壤有机碳含量和土壤黏粒含量的影响极显著（$P<0.01$），海拔对土壤粉粒含量和土壤砂粒含量的影响未达到显著水平（$P>0.05$）。土层深度对土壤理化指标的影响未达到显著水平（$P>0.05$）。此外，海拔和土层深度的交互作用对土壤理化指标的影响也未达到显著水平（$P>0.05$）。

表 1-2 贺兰山海拔和土层深度对土壤理化性质的影响

土壤理化指标	样本数	海拔		土层深度		海拔×土层深度	
		F 值	P 值	F 值	P 值	F 值	P 值
土壤 pH	45	46.587	0.000	2.755	0.105	0.244	0.865
土壤有机碳含量	45	58.440	0.000	3.990	0.053	0.012	0.998
土壤黏粒含量	45	112.911	0.000	0.004	0.952	1.000	0.403
土壤粉粒含量	45	0.928	0.437	1.489	0.230	0.766	0.520
土壤砂粒含量	45	0.820	0.491	1.454	0.236	0.779	0.513

1.2 贺兰山不同海拔土壤有机碳含量和密度

1.2.1 数据来源

气候因子包含年平均气温、年平均降水量和海拔 3 个指标，其中年平均气温和年平均降水量数据来自全球气候数据集 WorldClim，为全球高分辨率 1km×1km 的栅格气候数据。该数据集的插值精度远高于其他的气候数据集，因为该数据集在气候的插值计算中还考虑了海拔的影响（李巧燕和王襄平，2013），所以该数据集适用于对海拔梯度差异的研究。

归一化植被指数可反映植被覆盖度及植物的生长状况（陈心桐等，2019）。本研究采用美国国家航空航天局（National Aeronautics and Space Administration，NASA）提供的 2018 年 8 月的中分辨率成像光谱仪（moderate-resolution imaging spectroradiometer，MODIS）植被指数产品。该产品为每 16 天合成一次，分辨率为250m。MODIS 数据集由经过严格辐射定标和大气校正处理后的 MODIS 地表反射率产品计算得到（孙锐等，2016）；然后，利用 MRT（MODIS Reprojection Tool）进行提取、剪裁和投影转换等批处理合成月归一化植被指数数据；最后，使用 ArcGIS 10.0 提取各个采样点年平均气温、年平均降水量和归一化植被指数的数据。

1.2.2　有机碳储量的计算

土壤碳密度和土壤碳储量的计算皆参考侯浩（2016）的研究，计算公式如下。
土壤碳密度（D_{soil}，kg/m^2）：

$$D_{soil} = \sum C_i \times P_i \times T_i \times (1-G_i)/100 \tag{1-1}$$

式中，C_i 为土壤中有机碳含量（g/kg）；P_i 为土壤容重（g/cm^3）；T_i 为土层厚度（cm）；G_i 为直径大于 2mm 的砾石的体积百分数（%）；i 为土层，i 取值 1、2、3、4、5。
土壤有机碳储量（T，Tg）：

$$T = D_{soil} \times S/10^5 \tag{1-2}$$

式中，S 为森林面积（hm^2）。

1.2.3　数据处理

用 R 语言构建全变量模型和随机森林模型，并借助 SigmaPlot 14.0 软件绘制方差分解图；最后使用 SPSS AMOS 20.0 软件构建结构方程模型（智文燕，2018）。检验结果显示，多元峰度的临界比率（CR）<1.96，即数据满足多元正态分布。同时，结合 5 个拟合度指标［卡方与自由度比（小于 3 为良好）、近似均方根误差（小于 0.05 为良好）、适配度指数（大于 0.90 为良好）、调整的拟合优度指数（大于 0.90 为良好）和 P 值（大于 0.05 为良好）］进行模型评估（Yang et al.，2020）。

1.2.4　贺兰山不同林分土壤有机碳含量及分异规律

由图 1-2 可知，贺兰山随海拔升高，土壤有机碳含量总体上极显著增加（$P<$ 0.001）。在海拔 1600～2200m，土壤有机碳含量随海拔升高的变化较小。0～20cm 和 20～40cm 土层土壤有机碳含量与海拔回归分析模型表明，海拔对土壤有机碳含量

的影响随土层的加深而降低。

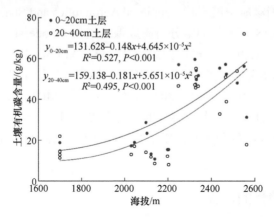

图 1-2　贺兰山土壤有机碳含量随海拔的变化规律

1.2.5　贺兰山不同海拔土壤有机碳密度

各海拔梯度两个土层的土壤有机碳密度为 2.88～11.21kg/m² （表 1-3）。从同一土层不同海拔梯度间土壤有机碳密度变化来看，两个土层 1900～2100m 和 2100～2300m 海拔梯度的土壤有机碳密度均显著高于同一土层其他海拔梯度的土壤有机碳密度。

表 1-3　贺兰山不同海拔土壤有机碳密度

海拔梯度/m	土壤有机碳密度/（kg/m²）	
	0～20cm 土层	20～40cm 土层
1700～1900	3.17±0.43b	2.88±0.30b
1900～2100	11.21±0.83a	9.70±0.81a
2100～2300	9.81±0.67a	9.85±1.72a
2300～2500	4.61±0.48b	3.23±0.34b

注：同列不同小写字母表示同一土层不同海拔梯度间差异显著（$P<0.05$）。

1.2.6　贺兰山森林土壤有机碳含量沿海拔变化的影响因子分析

皮尔逊（Pearson）相关性分析结果（表 1-4）表明，贺兰山土壤有机碳含量受海拔、年平均气温、年平均降水量、归一化植被指数和土壤 pH 的显著影响，其含量变化与海拔、年平均降水量和归一化植被指数显著正相关，与年平均气温和土壤 pH 显著负相关。此外，0～20cm 土层土壤有机碳含量还受植被类型和土壤颗粒组成影响，与土壤黏粒含量极显著负相关，与土壤砂粒含量显著正相关。

表 1-4　贺兰山不同海拔土壤有机碳含量与影响因子的 Pearson 相关性分析

影响因子	土壤有机碳含量	
	0～20cm 土层	20～40cm 土层
植被类型	0.427*	0.377
海拔	0.667**	0.659**
年平均气温	−0.706**	−0.663**
年平均降水量	0.574**	0.492*
归一化植被指数	0.670**	0.596**
土壤 pH	−0.796**	−0.812**
土壤黏粒含量	−0.604**	−0.371
土壤粉粒含量	−0.383	0.142
土壤砂粒含量	0.499*	−0.106

*表示显著相关（$P<0.05$），**表示极显著相关（$P<0.01$）。

全变量模型（图 1-3a）解释贺兰山土壤有机碳含量空间差异的 78.0%。气候、植被和土壤理化因子分别占模型可解释部分的 47.00%、26.40% 和 26.60%。说明气候因子是影响贺兰山土壤有机碳含量沿海拔变化的关键因子。同时，从各项指标对土壤有机碳含量的影响可以看出，土壤 pH 对贺兰山土壤有机碳含量的影响极显著（$P<0.01$），归一化植被指数对土壤有机碳含量的影响亦达显著水平（$P<0.05$）。

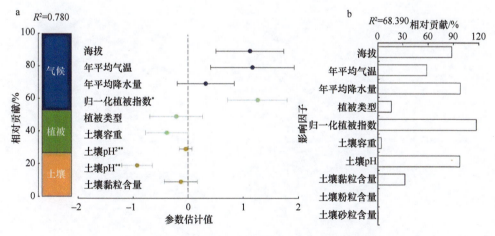

图 1-3　贺兰山环境因子对土壤有机碳含量的相对重要性分析

a. 全变量模型；b. 随机森林模型。*表示显著相关（$P<0.05$），**表示极显著相关（$P<0.01$）

随机森林模型在处理多元共线性和交互作用的数据时准确率较高。本研究借助随机森林模型对影响土壤有机碳含量的各项指标进行了重要性评价。土壤随机森林模型与传统回归分析不同，随机森林模型中的每棵树都是使用数据集的随机子集构建的，在每个划分中测定一组随机的特征。这种随机性引入了个体树之间的差异性，从而降低了过拟合的风险，并提高了整体预测性能。

由图 1-3b 可以看出，影响贺兰山森林土壤有机碳含量预测的最重要的环境因子是归一化植被指数（均方误差增加值为 117.13%），其次为年平均降水量（均方误差增加值为 98.25%）和土壤 pH（均方误差增加值为 97.85%）。说明影响贺兰山 0～20cm 和 20～40cm 土层土壤有机碳含量沿海拔变化的关键因子是归一化植被指数。气候因子的重要性排序为年平均降水量＞海拔＞年平均气温；植被因子中归一化植被指数的重要性远远高于植被类型；土壤理化因子的重要性排序为土壤 pH＞土壤黏粒含量＞土壤容重＞土壤粉粒含量＞土壤砂粒含量。

第 2 章　罗山土壤有机碳分布格局

2.1　罗山不同海拔土壤理化特征分析

2.1.1　研究区概况

罗山国家级自然保护区位于宁夏同心县境内，位于 37°11′N～37°25′N，106°04′E～106°24′E，气候类型属于典型的温带大陆性气候，年平均气温 7.5℃，年平均降水量 268.90mm，年平均蒸发量 2460mm，无霜期 130～150d，海拔 1560.00～2624.50m（姬学龙等，2019；马超等，2019）。森林土壤类型为灰褐土。青海云杉和油松为建群种，样地内乔木树种单一，林下灌木主要有灰栒子、山楂（*Crataegus pinnatifida*）、野蔷薇（*Rosa multiflora*）、绣线菊（*Spiraea salicifolia*），草本植物以三穗薹草（*Carex tristachya*）、羊草（*Leymus chinensis*）、画眉草（*Eragrostis pilosa*）、糙苏（*Phlomoides umbrosa*）、冷蒿（*Artemisia frigida*）为主。

2.1.2　样地设置

2018 年 8 月下旬，在罗山海拔 1300～2600m 内选取地形相近的区域进行样地布设。海拔每升高 200m 设置 1 个海拔梯度，共 4 个海拔梯度（海拔范围 1700～2600m）。每个海拔梯度内设置 3～5 个 20m×20m 的样方，使用 GPS 和罗盘仪测量并记录每个样方的经纬度、海拔、坡度和坡向。每个样方沿 "S" 形设置 5 个采样点，用 5cm 直径土钻分别在 0～10cm、10～20cm、20～40cm 和 40～60cm 土层采集土壤样品，将同一土层的土壤混合装袋，带回实验室进行指标测定。同时，使用 100cm^3 环刀分层采集土壤，用于测定土壤容重。

采集的样品自然风干后过 2mm 筛，用于土壤理化指标的测定，测定方法参照张光亮等（2018）和鲍士旦等（2000）。土壤有机碳含量采用重铬酸钾氧化法测定；土壤 pH 采用电位法测定（水土质量比为 2.5∶1）；土壤电导率使用电导率仪测定；土壤粒度使用马尔文激光粒度仪（Master 2000）测定。

2.1.3　数据处理

数据使用 Excel 和 SPSS 24.0 软件进行处理、统计和分析。采用单因素方差分析来比较不同海拔和不同土层的土壤有机碳含量的差异；采用最小显著性差异法进行多重比较，差异显著性水平为 $\alpha=0.05$。采用双因素方差分析探究海拔、土层深度及两者的相互作用对土壤理化性质的影响。用 Origin 2018 对不同海拔梯度下的土壤有机碳含量进行多项式拟合。

2.1.4 罗山同一土层不同海拔梯度土壤理化性质分析

按照实验设计将罗山划分为 4 个海拔梯度，同一土层不同海拔梯度土壤理化性质分析如图 2-1 所示。在 0~10cm 土层，土壤 pH、土壤电导率、土壤有机碳含量、土壤黏粒含量、土壤粉粒含量及土壤砂粒含量在海拔梯度间存在显著差异；其余土层的土壤黏粒含量（2300~2500m 海拔梯度 40~60cm 土层除外）、土壤粉粒含量（1700~1900m 海拔梯度 10~20cm、20~40cm 和 40~60cm 土层除外）和土壤砂粒

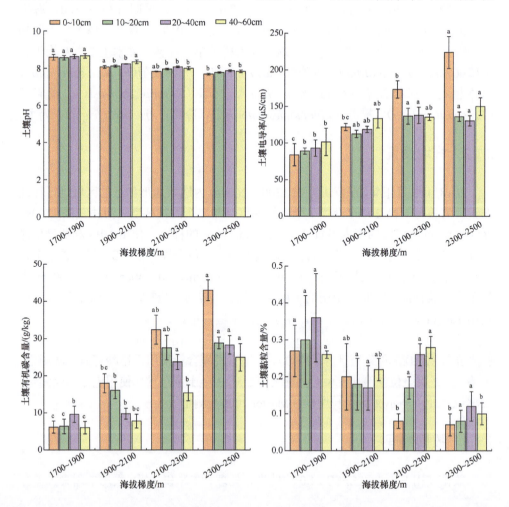

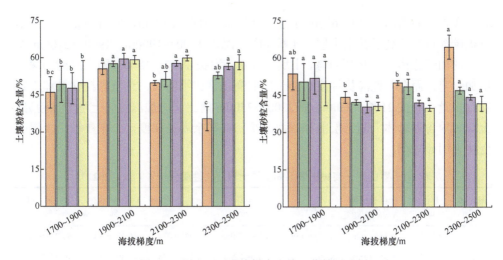

图 2-1　罗山不同海拔梯度土壤理化性质分析

不含相同小写字母表示同一土层不同海拔梯度间差异显著（$P<0.05$）

含量在各海拔梯度间差异未达显著水平。

罗山 4 个海拔梯度土壤有机碳含量均值范围为 6.01～42.97g/kg，其最大值出现在海拔 2300～2500m 的 0～10cm 土层，最小值出现在海拔 1700～1900m 的 40～60cm 土层。从海拔梯度来看，土壤有机碳含量沿海拔梯度的变化显著，海拔 2300～2500m 的土壤有机碳含量显著高于海拔 1700～1900m 和 1900～2100m。

土壤 pH 随海拔的升高呈降低趋势。土壤 pH 均值范围为 7.67～8.66，最大值出现在海拔 1700～1900m 的 40～60cm 土层，最小值出现在海拔 2300～2500m 的 0～60cm 土层内，土壤电导率随海拔的升高呈增加趋势。土壤电导率在海拔 2300～2500m 的 0～10cm 土层最大，在海拔 1700～1900m 的 0～10cm 土层最小，分别为 223.91μS/cm 和 84.03μS/cm。

罗山不同海拔土壤颗粒主要为粉粒和砂粒，两者含量之和占 99.5%以上。土壤黏粒含量最少，不足 0.5%。在不同海拔梯度内，土壤黏粒含量在海拔 1700～1900m 分布相对较多，而在海拔 2300～2500m 分布相对较少；土壤粉粒含量在海拔 1900～2100m 分布相对较多，而在海拔 1700～1900m 分布相对较少；土壤砂粒含量在海拔 1700～1900m 分布相对较多，而在海拔 1900～2100m 分布相对较少。

2.1.5　罗山同一海拔梯度不同土层土壤理化性质分析

从土层深度（表 2-1）来看，海拔 1700～1900m 的土壤理化指标在各土层间的变化不显著。在海拔 1900～2100m，0～10cm 土层土壤有机碳含量显著高于 20～40cm 和 40～60cm 土层；在海拔 2100～2300m，0～10cm 和 10～20cm 土层土壤有机碳含量显著高于 40～60cm 土层；在海拔 2300～2500m，0～10cm 土层土壤有机碳含量显著高于其余土层。土壤 pH 在海拔 1700～1900m、1900～2100m 随土层的加深总体上呈升高趋势。土壤电导率在海拔 1700～1900m 随土层的加深呈增加趋势，而在其他海拔梯度内随土层的变化规律不明显。土壤黏粒含量和土壤粉粒含量在海拔 2100～2300m 和 2300～2500m 随土层的加深总体上呈增加趋势；土壤砂粒含量总体上随土层的加深而减少。在其余海拔梯度，土壤粒径沿土层的变化无明显规律。

表 2-1　罗山同一海拔梯度不同土层土壤理化性质分析（刘波，2021）

海拔梯度/m	土层深度/cm	土壤有机碳含量/（g/kg）	土壤 pH	土壤电导率/（μS/cm）	土壤黏粒含量/%	土壤粉粒含量/%	土壤砂粒含量/%
1700～1900	0～10	6.15±1.62a	8.58±0.15a	84.03±15.05a	0.27±0.07a	46.03±6.34a	53.71±6.41a
	10～20	6.36±1.99a	8.56±0.12a	89.05±4.24a	0.30±0.12a	49.30±7.31a	50.40±7.41a
	20～40	9.61±2.22a	8.62±0.11a	93.18±11.26a	0.36±0.12a	47.68±6.28a	51.96±6.37a
	40～60	6.01±1.67a	8.66±0.12a	101.68±18.71a	0.26±0.01a	49.91±8.95a	49.83±8.96a
1900～2100	0～10	17.96±2.55a	8.07±0.07b	121.98±4.86a	0.20±0.09a	55.53±2.30a	44.27±2.37a
	10～20	16.06±2.25ab	8.11±0.06b	112.68±4.98a	0.18±0.07a	57.57±1.08a	42.26±1.07a
	20～40	9.78±1.45a	8.23±0.01ab	118.88±4.25a	0.17±0.06a	59.47±2.30a	40.36±2.36a
	40～60	7.78±1.89b	8.34±0.10a	133.73±12.87a	0.22±0.03a	59.16±1.70a	40.63±1.69a
2100～2300	0～10	32.39±3.89a	7.82±0.02b	173.29±11.75a	0.08±0.02b	49.86±0.95b	50.06±0.96a
	10～20	27.53±3.32a	7.95±0.05ab	136.89±10.87b	0.17±0.03ab	51.32±3.07ab	48.50±3.09ab
	20～40	23.67±2.00ab	8.07±0.04a	137.98±11.02b	0.26±0.03a	57.72±1.14a	42.00±1.14b
	40～60	15.40±2.11b	8.00±0.08ab	135.54±4.40b	0.28±0.03a	59.86±1.15a	39.87±1.16b
2300～2500	0～10	42.97±2.83a	7.67±0.05b	223.91±21.83a	0.07±0.03a	35.41±4.88b	64.52±4.90a
	10～20	28.83±1.59b	7.77±0.04ab	136.15±6.25b	0.08±0.03a	52.85±1.39a	47.02±1.42b
	20～40	28.28±2.48b	7.86±0.05a	130.57±7.02b	0.12±0.04a	56.49±1.28a	44.27±1.07b
	40～60	24.91±3.72b	7.83±0.07ab	150.00±11.99ab	0.10±0.03a	58.16±3.02a	41.75±3.03b

注：不含相同小写字母表示同一海拔梯度不同土层的土壤理化指标差异显著（$P<0.05$）。

2.1.6　罗山海拔和土层深度对土壤理化性质的影响

由表 2-2 可以看出，海拔对土壤 pH、土壤电导率和土壤有机碳含量的影响极显著（$P<0.01$），对土壤黏粒含量的影响达显著水平（$P<0.05$）。土层深度对土壤有机碳含量的影响极显著（$P<0.01$），对土壤 pH、土壤粉粒含量和土壤砂粒含量的影响显著（$P<0.05$）。此外，海拔和土层深度的交互作用对所有土壤理化指标的影响均未达到显著水平。

表 2-2　罗山海拔和土层深度对土壤理化性质的影响（刘波，2021）

土壤理化指标	样本数	海拔		土层深度		海拔×土层深度	
		F 值	P 值	F 值	P 值	F 值	P 值
土壤 pH	89	60.598	0.000	3.565	0.018	0.402	0.930
土壤电导率	89	12.046	0.000	2.620	0.057	0.917	0.516
土壤黏粒含量	89	3.896	0.012	0.530	0.663	0.633	0.766
土壤粉粒含量	89	1.735	0.167	3.089	0.032	0.557	0.828
土壤砂粒含量	89	1.640	0.188	3.047	0.034	0.549	0.834
土壤有机碳含量	89	31.092	0.000	5.070	0.003	1.052	0.409

2.2　罗山不同海拔土壤有机碳含量和密度

2.2.1　数据来源

同 1.2.1 节。

2.2.2　有机碳储量的计算

同 1.2.2 节。

2.2.3　数据处理

同 1.2.3 节。

2.2.4　罗山土壤有机碳含量沿海拔的分异规律

从土层深度来看，土壤有机碳含量与海拔呈极显著正相关（图 2-2）。0～10cm 土层与海拔的相关系数为 0.641（$P<0.01$），10～20cm 土层的相关系数为 0.485（$P<0.001$），20～40cm 土层的相关系数为 0.592（$P<0.01$），40～60cm 土层的相关系数为 0.381（$P<0.01$）。对 0～60cm 的 4 个土层的土壤有机碳含量与海拔分别建立一元线性回归模型，各土层线性回归模型的斜率随土层深度增加而减小，表明海拔对土壤有机碳含量的影响随土层深度增加而降低。

2.2.5　罗山森林土壤有机碳密度及储量

罗山 4 个海拔梯度土壤有机碳密度范围为 0.99～6.84kg/m^2。从表 2-3 来看，各

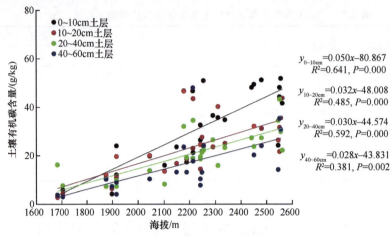

$$y_{0\sim10cm}=0.050x-80.867$$
$$R^2=0.641,\ P=0.000$$

$$y_{10\sim20cm}=0.032x-48.008$$
$$R^2=0.485,\ P=0.000$$

$$y_{20\sim40cm}=0.030x-44.574$$
$$R^2=0.592,\ P=0.000$$

$$y_{40\sim60cm}=0.028x-43.831$$
$$R^2=0.381,\ P=0.002$$

图2-2 罗山土壤有机碳含量随海拔的变化规律（刘波，2021）

表2-3 罗山不同海拔土壤有机碳密度（刘波，2021）

海拔梯度/m	土壤有机碳密度/（kg/m²）			
	0～10cm 土层	10～20cm 土层	20～40cm 土层	40～60cm 土层
1700～1900	1.07±0.45Ca	0.99±0.53Ba	3.15±1.63BCa	2.09±0.99Ba
1900～2100	2.68±0.85BCa	2.39±0.70ABa	2.87±0.73Ca	2.30±0.98Ba
2100～2300	4.01±1.04ABb	3.43±1.11Ab	5.87±0.82ABa	3.83±0.94ABb
2300～2500	4.90±1.34Aab	3.70±0.50Ab	6.84±2.50Aa	5.29±2.01Aab

注：不含相同小写字母表示同一海拔梯度不同土层间差异显著（$P<0.05$）；不含相同大写字母表示同一土层不同海拔梯度间差异显著（$P<0.05$）。

土层土壤有机碳密度随海拔的升高总体上呈逐渐增加的趋势。从同一土层不同海拔梯度土壤有机碳密度变化来看，在 0～10cm、20～40cm 和 40～60cm 土层，海拔 2300～2500m 的土壤有机碳密度显著高于海拔 1700～1900m 和 1900～2100m。在 10～20cm 土层，海拔 2100～2300m 和 2300～2500m 的土壤有机碳密度显著高于海拔 1700～1900m。从同一海拔不同土层间土壤有机碳密度变化来看，海拔 1700～1900m 和 1900～2100m 的土壤有机碳密度在不同土层间变化未达显著水平。海拔 2100～2300m 的 20～40cm 土层土壤有机碳密度显著高于 0～10cm 和 10～20cm 土层。

2.2.6 罗山森林土壤有机碳含量沿海拔变化的影响因子分析

Pearson 相关性分析结果（表 2-4）表明，在整个剖面上，土壤有机碳含量与海拔、年平均气温、年平均降水量、归一化植被指数、土壤 pH 和土壤容重存在极显著相关性。在 0～10cm 和 10～20cm 土层，土壤有机碳含量与土壤电导率存在极显著相关性。土壤有机碳含量与海拔、年平均降水量、归一化植被指数、土壤电导率呈正相关，与年平均气温、土壤 pH、土壤容重和土壤黏粒含量呈负相关。

表 2-4　罗山土壤有机碳含量与影响因子的 Pearson 相关性分析（刘波，2021）

影响因子	土壤有机碳含量			
	0～10cm 土层	10～20cm 土层	20～40cm 土层	40～60cm 土层
海拔	0.688**	0.757**	0.797**	0.795**
年平均气温	−0.737**	−0.715**	−0.788**	−0.789**
年平均降水量	0.753**	0.748**	0.740**	0.729**
归一化植被指数	0.652**	0.710**	0.757**	0.696**
土壤 pH	−0.815**	−0.807**	−0.761**	−0.750**
土壤容重	−0.634**	−0.787**	−0.568**	−0.751**
土壤电导率	0.728**	0.801**	0.236	0.231
土壤黏粒含量	−0.643**	−0.346	−0.324	−0.672**
土壤粉粒含量	−0.452	−0.057	0.090	0.163
土壤砂粒含量	0.461*	0.062	−0.080	−0.144

*表示显著相关（$P<0.05$），**表示极显著相关（$P<0.01$）。

　　为探讨气候、植被和土壤理化因子对罗山森林土壤有机碳含量的相对贡献度，揭示影响罗山森林土壤有机碳含量变化的主控因子。本研究通过对数据进行标准化处理，借助 R 语言中的 "MuMIn" 和 "Performance" 软件包，构建了全变量模型，并基于最优模型选择准则——赤池信息准则（Akaike information criterion，AIC）选择出最优模型，最终绘制了图 2-3a。气候、植被和土壤理化因子的相对贡献度可以用其对应指标的参数估计值之和与所有指标参数估计值总和之比来计算。图 2-3a 显示了各项指标的平均参数估计值（标准化回归系数）及气候、植被和土壤理化因子的相对重要性。全变量模型最多可以解释土壤有机碳含量总变化的 71.0%。气候、植被和土壤理化因子分别占模型可解释部分的 40.54%、14.77%和 44.69%，说明土壤理化因子是影响罗山土壤有机碳含量变化的主导因子。同时，从各项指标对土壤有机碳含量的影响可以看出，土壤理化因子中的土壤 pH 和土壤容重对土壤有机碳含量的影响极显著（$P<0.01$），归一化植被指数对土壤有机碳含量的影响亦达显著水平（$P<0.05$）。

　　本研究借助随机森林模型对各项环境变量进行了重要性评价。进入随机森林模型的环境因子包括海拔、年平均气温、年平均降水量、植被类型、归一化植被指数、土壤容量、土壤电导率、土壤 pH 和土壤黏粒含量。图 2-3b 表明，影响罗山森林土壤有机碳含量的最重要的环境因子是土壤 pH（均方误差增加值为 62.87%），其次为海拔（均方误差增加值为 11.70%）和归一化植被指数（均方误差增加值为 11.06%）。说明影响罗山森林土壤有机碳含量沿海拔分异的主导因子为土壤 pH。气候因子的重要性排序为海拔＞年平均气温＞年平均降水量；植被因子中归一化植被指数的重要性大于植被类型。

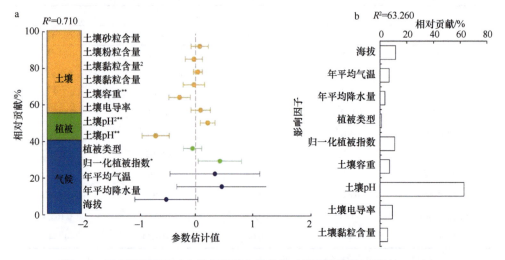

图 2-3　罗山环境因子对土壤有机碳含量的相对重要性分析（刘波，2021）
a. 全变量模型；b. 随机森林模型。*表示显著相关（P＜0.05），**表示极显著相关（P＜0.01）

2.3　讨　　论

2.3.1　海拔对罗山土壤理化性质的影响

海拔包含了多种环境因子的梯度效应，海拔变化会引起土壤水热条件及植被发生变化，因而山地土壤的理化性质与海拔的变化有密切关系（姜霞等，2018）。罗山森林土壤 pH 均值范围为 7.67～8.66，并随海拔的升高呈降低趋势。这可能是由于高海拔区域分布着大量油松林和青海云杉林，针叶成分的枯落物堆积会加剧酸性淋溶过程，使土壤 pH 降低（李兴民等，2014）。土壤电导率均值范围为 84.03～223.91μS/cm，随海拔的升高呈增加趋势。这是由于在高海拔区域土壤有机碳含量较高，土壤阳离子交换量较大，因而土壤电导率随海拔的升高而增加（许文强等，2010）。罗山不同海拔土壤颗粒主要为粉粒和砂粒，黏粒含量最少，不足土壤颗粒含量的 0.5%，且在低海拔地区分布较多。这是由于高海拔地区的细碎土壤受到强风侵蚀而流失，致使土壤颗粒平均粒径较大（王雅琼等，2018）。

2.3.2　海拔对罗山土壤有机碳含量的影响

罗山 4 个海拔梯度土壤有机碳含量均值范围为 $6.01\sim42.97\text{g/kg}$，并随着海拔升高总体上呈增加趋势。因为罗山高海拔地区主要分布着针叶林和阔叶林，低海拔区域分布着灌丛与草地。植被类型的变化会导致植物群落特征发生变化，使土壤有机碳在输入、分解、转化、输出等过程存在差异，从而影响土壤有机碳的累积（张嘉睿等，2024）。Chen 等（2020）的研究表明，相比于草地和灌丛，森林生态系统更有利于土壤有机碳的累积。此外，低海拔区域受人为扰动较大，导致土壤有机碳难以蓄积（文雅等，2010）。

同一海拔，土壤有机碳含量随土层的加深而逐渐降低。这与大多数研究结果（任玉连等，2019；王艳丽等，2019；习丹等，2020）相同。因为土壤有机碳主要来源于地表的枯枝落叶层，且随着土层加深，土壤温度、水分和养分及微生物活性逐渐下降（徐侠等，2008），有机碳来源减少，从而导致深层土壤有机碳含量低于表层土壤。

拟合结果还表明海拔对土壤有机碳含量的影响随着土层的加深而逐渐减弱。这是由于海拔通过气候变化来间接影响土壤有机质的分解过程（欧阳园丽等，2020）。随着土层深度的增加，气候变化对土壤有机碳的影响逐渐减弱。

2.3.3　海拔对罗山森林土壤有机碳密度及储量的影响

对比同一土层不同海拔土壤有机碳密度的变化可以发现，在海拔 $2300\sim2500\text{m}$ 各土层的土壤有机碳密度均显著高于海拔 $1700\sim1900\text{m}$ 和 $1900\sim2100\text{m}$，这与土壤有机碳含量随海拔的变化相一致，说明随着海拔的升高，土壤有机碳密度呈现出递增的趋势。从同一海拔不同土层间土壤有机碳密度变化来看，海拔 $1700\sim1900\text{m}$ 和 $1900\sim2100\text{m}$ 的土壤有机碳密度在不同土层间变化不显著。在本研究中，土壤有机碳密度的计算采用表层的土壤容重代替整个土层的土壤容重，因而导致该区间内土壤有机碳密度沿土层的变化不显著，其原因在于土层厚度，$20\sim40\text{cm}$ 和 $40\sim60\text{cm}$ 土层厚度是 $0\sim10\text{cm}$ 和 $10\sim20\text{cm}$ 的两倍，土层的增厚可能减小了有机碳密度的变化。在海拔 $2100\sim2300\text{m}$ 和 $2300\sim2500\text{m}$ 的区域，$20\sim40\text{cm}$ 土层土壤有机碳密度显著高于 $0\sim10\text{cm}$（海拔 $2300\sim2500\text{m}$ 除外）和 $10\sim20\text{cm}$ 土层。

2.3.4　罗山土壤有机碳海拔格局及成因

研究结果表明，罗山森林土壤有机碳含量沿海拔变化主要受到土壤理化因子的影响。黄昌勇和徐建明（2010）研究表明，在局部范围内，土壤理化性质对森林土壤有机碳的含量起关键作用。随机森林模型进一步表明，土壤 pH 是主导罗山森林土壤有机碳含量沿海拔变化的关键因子。土壤 pH 通过影响土壤微生物的数量、种群结构及生物活性（文伟等，2018），进而影响土壤有机质的分解与转化。土壤中大多数微生物在中性环境下活性最佳（文伟等，2018）。罗山土壤 pH 偏碱性，且随海拔的升高而降低。海拔越高，土壤 pH 越小，土壤微生物越活跃，土壤有机质的分解与转化速率越快，土壤中累积的有机碳就越多。

气候因子中海拔对土壤有机碳含量的影响最为显著，其次为年平均气温和年平均降水量。相关分析结果表明，土壤有机碳含量与年平均气温极显著负相关，而与年平均降水量极显著正相关。这与陈心桐等（2019）的研究结果相同。这是因为气温越低，土壤温度也越低，土壤有机碳矿化速率随着土壤温度的降低而下降（Fang and Moncrieff, 2001），长时间作用下，有机碳源没有减少，而有机碳的矿化速率却随着温度的降低而减缓，因此土壤有机碳含量与年平均气温呈负相关（杜沐东，2013；刘伟等，2012）。海拔升高，年平均降水量增加，土壤湿度增加，植被生长状况逐渐转好，凋落物储备量增加，土壤枯枝落叶和根系分泌物增多，促进植物凋落物转化为土壤有机质，有利于土壤有机质的积累（赵伟文等，2019）。因此土壤有机碳含量与年平均降水量呈正相关。植被因子中归一化植被指数对土壤有机碳含量的影响显著。相关性分析结果表明，归一化植被指数与土壤有机碳含量呈极显著正相关，说明植被覆盖度高的区域对应的土壤有机碳含量也越高。通常，植被覆盖多的地方，枯枝落叶层较为丰富，凋落物分解归还给土壤的养分就多，对应的土壤有机碳含量也就越大（李程程等，2020）。

第3章　六盘山土壤有机碳分布格局

3.1　六盘山不同海拔土壤理化特征分析

3.1.1　研究区概况

六盘山国家级自然保护区样地布设在宁夏固原市泾源县香水河小流域，位于35°15′N～35°42′N，106°10′E～106°30′E，气候类型属于暖温带大陆性季风气候，年平均气温 5.8℃，年平均降水量 632mm，年平均相对湿度 68%，无霜期 90～130d（高迪等，2019；樊亚鹏等，2019）。土壤类型以灰褐土为主。该保护区内森林植被类型丰富，天然林主要树种有蒙古栎（*Quercus mongolica*）、华山松（*Pinus armandi*）、白桦（*Betula platyphylla*）、红桦（*Betula albosinensis*）、山杨等；人工林主要树种为华北落叶松（*Larix gmelinii* var. *principis-rupprechtii*）、油松、青海云杉。

3.1.2　样地设置

2018 年 8 月下旬，在六盘山海拔区间（1300～2600m）内选取地形相近的区域进行样地布设。海拔每升高 200m 设置一个海拔梯度，六盘山共设置 5 个海拔梯度（海拔范围 1700～2700m）。每个海拔梯度内设置 3～5 个 20m×20m 的样方，使用 GPS 和罗盘仪测量并记录每个样方的经纬度、海拔、坡度和坡向。每个样方沿"S"形设置 5 个采样点，用 5cm 直径土钻分别在 0～10cm、10～20cm、20～40cm、40～60cm 和 60～100cm 土层采集土壤样品，将同一土层的土壤混合装袋，带回实验室进行指标测定。同时，使用 100cm³ 环刀分层采集土壤，用于测定土壤容重。

采集的样品自然风干后过 2mm 筛，用于土壤理化指标的测定，测定方法参照张光亮等（2018）和鲍士旦（2000）。土壤有机碳含量采用重铬酸钾氧化法测定；土壤 pH 采用电位法测定（水土质量比为 2.5∶1）；土壤电导率使用电导率仪测定；土壤粒度使用马尔文激光粒度仪（Master 2000）测定。

3.1.3　数据处理

数据采用 Excel 和 SPSS 24.0 软件进行处理、统计和分析。采用单因素方差分析来比较不同海拔和不同土层的土壤有机碳含量的差异；采用最小显著性差异法进行多重比较，差异显著性水平为 $\alpha=0.05$。采用双因素方差分析探究海拔、土层深度及两者的相互作用对土壤理化性质的影响。用 Origin 2018 对不同海拔梯度下的土壤有机碳含量进行多项式拟合。

3.1.4 六盘山同一土层不同海拔梯度土壤理化性质分析

同一土层不同海拔梯度土壤理化性质分析如图 3-1 所示。土壤 pH、土壤电导率和土壤有机碳含量在同一土层不同海拔梯度间均存在差异；不同海拔梯度土壤黏粒含量在 20～40cm、60～100cm 土层存在显著差异，土壤粉粒含量和土壤砂粒含量在同一土层不同海拔梯度间均未达显著水平。

六盘山不同海拔梯度土壤有机碳含量均值为 7.23～46.66g/kg，最大值出现在海拔 2300～2500m 的 0～10cm 土层，最小值出现在海拔 1900～2100m 的 60～100cm 土层。从同一土层不同海拔梯度来看，土壤有机碳含量沿海拔梯度总体上

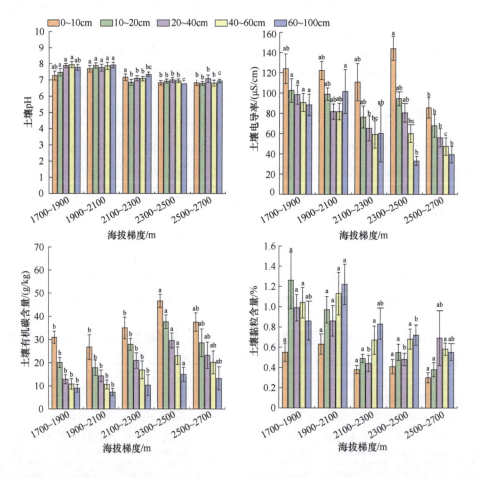

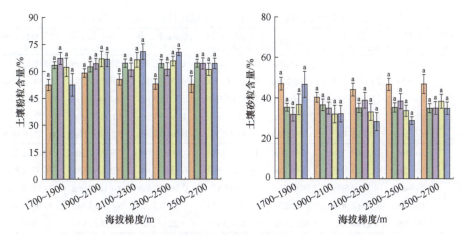

图 3-1　六盘山不同海拔梯度土壤理化性质分析（刘波，2021）

不含相同小写字母表示同一土层不同海拔梯度间差异显著（$P<0.05$）

变化显著。海拔 2300～2500m 各土层的土壤有机碳含量均显著高于海拔 1700～1900m、1900～2100m 和 2100～2300m。

土壤 pH 均值为 6.77～7.94，最大值出现在海拔 1700～1900m 的 40～60cm 土层，最小值出现在海拔 2300～2500m 的 60～100cm 土层。土壤电导率在海拔 2300～2500m 的 0～10cm 土层最大，在 60～100cm 土层最小，分别为 144.12μS/cm 和 33.11μS/cm。

六盘山不同海拔梯度土壤颗粒主要为粉粒和砂粒，两者含量之和在 98.5%以上，黏粒含量最少，不足 1.5%。在不同海拔梯度内，土壤黏粒含量在海拔 1700～1900m 和 1900～2100m 分布相对较多，而在海拔 2500～2700m 分布相对较少。土壤粉粒含量在海拔 1900～2100m 分布相对较多，而在海拔 1700～1900m 分布相对较少。土壤砂粒含量在海拔 1700～1900m 分布相对较多，而在海拔 1900～2100m 分布相对较少。

土壤 pH 和土壤黏粒含量总体上表现出在低海拔地区（1700～2100m）偏高，在中高海拔区域偏低的变化规律。土壤电导率、土壤粉粒含量和土壤砂粒含量随海拔升高未表现出明显的变化规律。

3.1.5　六盘山同一海拔梯度不同土层土壤理化性质分析

由表 3-1 可知，各海拔梯度的土壤有机碳含量随土层的加深总体上变化显著，随土层加深而逐渐降低。在海拔 1900～2500m，0～10cm 土层土壤有机碳含量均显著高于 20～40cm、40～60cm 和 60～100cm 土层。在海拔 2500～2700m，0～10cm 土层土壤有机碳含量显著高于 40～60cm 和 60～100cm 土层。

表 3-1　六盘山同一海拔梯度不同土层土壤理化性质分析（刘波，2021）

海拔梯度/m	土层深度/cm	土壤有机碳含量/（g/kg）	土壤 pH	土壤电导率/（μS/cm）	土壤黏粒含量/%	土壤粉粒含量/%	土壤砂粒含量/%
1700~1900	0~10	30.95±2.59a	7.27±0.28b	123.93±14.64a	0.55±0.09b	52.41±3.09b	47.04±3.13a
	10~20	20.12±2.16b	7.47±0.22ab	102.45±11.58ab	1.26±0.28a	63.35±1.87ab	35.38±1.97ab
	20~40	12.88±1.91c	7.89±0.14a	98.33±9.38ab	0.99±0.13ab	67.14±3.39a	31.87±3.42b
	40~60	10.83±2.28c	7.94±0.19a	90.76±8.81b	1.04±0.15ab	62.20±5.08ab	36.77±5.20ab
	60~100	8.96±1.70c	7.78±0.18ab	88.38±10.54b	0.86±0.19ab	52.47±6.24ab	46.67±6.38ab
1900~2100	0~10	26.69±5.35a	7.69±0.20a	122.20±8.95a	0.63±0.10b	58.99±2.36a	40.37±2.42a
	10~20	17.87±3.31ab	7.89±0.17a	98.94±6.06ab	0.97±0.13ab	62.46±2.86a	36.57±2.88a
	20~40	14.33±2.50bc	7.76±0.21a	81.79±7.51b	0.86±0.15ab	64.18±2.96a	34.97±2.98a
	40~60	10.61±1.96bc	7.87±0.23a	81.76±8.12b	1.13±0.21ab	66.88±4.34a	31.98±4.40a
	60~100	7.23±1.51c	7.92±0.18a	101.48±21.60ab	1.22±0.20a	66.60±3.97a	32.18±4.10a
2100~2300	0~10	34.99±4.70a	7.17±0.20a	110.78±18.38a	0.38±0.04b	55.50±3.14b	44.12±3.16a
	10~20	27.91±2.57ab	6.86±0.18a	76.40±10.85ab	0.49±0.04b	64.44±2.29ab	35.06±2.32ab
	20~40	20.93±3.36bc	7.10±0.16a	65.16±12.32b	0.44±0.08b	60.72±3.80ab	38.84±3.86ab
	40~60	16.91±3.79c	7.08±0.13a	59.16±13.38b	0.67±0.14ab	66.34±4.10a	32.99±4.21b
	60~100	10.32±4.48c	7.34±0.12a	60.18±27.86b	0.83±0.15a	70.93±4.42a	28.23±4.50b
2300~2500	0~10	46.66±2.86a	6.83±0.14a	144.12±11.93a	0.41±0.07b	52.91±2.85b	46.68±2.91a
	10~20	37.68±2.97b	6.93±0.12a	94.58±6.93b	0.55±0.08ab	64.18±2.31a	35.27±2.34b
	20~40	29.56±3.25bc	7.00±0.14a	80.54±9.24bc	0.48±0.06ab	61.10±3.67ab	38.43±3.71ab
	40~60	23.02±3.75c	6.95±0.11a	60.06±8.73cd	0.68±0.10a	65.67±2.72a	33.64±2.79b
	60~100	14.97±3.06c	6.77±0.04a	33.11±4.05d	0.72±0.10a	70.60±1.89a	28.68±1.91b
2500~2700	0~10	37.55±4.03a	6.83±0.16a	85.53±10.01a	0.30±0.05a	52.81±4.62b	46.89±4.64a
	10~20	28.54±5.97ab	6.79±0.12a	67.77±11.29ab	0.38±0.07a	64.44±2.16a	34.91±2.25b
	20~40	23.23±5.65ab	7.08±0.23a	55.95±8.94a	0.69±0.27a	64.31±3.07a	35.00±3.23b
	40~60	20.15±4.93b	6.81±0.18a	47.33±8.64a	0.58±0.06a	61.05±3.43ab	38.37±3.44ab
	60~100	13.27±4.97b	6.94±0.11a	39.42±8.10a	0.55±0.08a	64.26±2.94a	34.91±3.12b

注：不含相同小写字母表示同一海拔不同土层间差异显著（$P<0.05$）。

在海拔 1700~1900m 的 0~10cm 土层土壤 pH 显著低于 20~40cm 和 40~60cm 土层，在其余海拔梯度内沿土层的变化均不显著，且土壤 pH 在海拔 1700~1900m 随土层的加深呈先升高后降低趋势。土壤电导率沿土层变化明显，在海拔 1700~1900m、2300~2500m 和 2500~2700m 随土层的加深呈递减趋势，而在海拔 1900~2100m 和 2100~2300m 随土层的加深呈先减少后增加的趋势。土壤黏粒含量沿土层变化未表现出明显的规律性。在海拔 1700~2100m，土壤粉粒含量随土层的加深呈先增加后减少趋势，而土壤砂粒含量随土层加深表现出先减少后增加的规律。在其余海拔梯度，土壤粉粒含量和土壤砂粒含量沿土层的变化无明显规律。

3.1.6　六盘山海拔和土层深度对土壤理化性质的影响

由表 3-2 可以看出，海拔对土壤 pH、土壤电导率、土壤黏粒含量和土壤有机碳含量的影响极显著（$P<0.01$）。除土壤 pH 外，土层深度对其余土壤理化指标的影响极显著（$P<0.01$）。此外，海拔和土层深度的交互作用对所有土壤理化指标的影响均未达到显著水平（$P>0.05$）。

表 3-2　六盘山海拔和土层深度对土壤理化性质的影响（刘波，2021）

土壤理化指标	样本数	海拔		土层深度		海拔×土层深度	
		F 值	P 值	F 值	P 值	F 值	P 值
土壤 pH	251	27.884	0.000	1.607	0.174	0.602	0.881
土壤电导率	251	7.104	0.000	12.550	0.000	1.245	0.235
土壤黏粒含量	251	10.627	0.000	6.113	0.000	0.848	0.630
土壤粉粒含量	251	1.097	0.359	6.023	0.000	1.091	0.364
土壤砂粒含量	251	0.982	0.418	6.240	0.000	1.090	0.365
土壤有机碳含量	251	18.005	0.000	27.138	0.000	0.433	0.973

3.2　六盘山不同海拔土壤有机碳含量和密度

3.2.1　数据来源

同 1.2.1 节。

3.2.2　有机碳储量的计算

同 1.2.2 节。

3.2.3　数据处理

同 1.2.3 节。

3.2.4　六盘山土壤有机碳含量沿海拔的分布规律

回归分析表明，在海拔 1700～2700m 的 0～10cm、10～20cm、20～40cm、40～60cm、60～100cm 土层土壤有机碳含量均与海拔呈显著/极显著正相关（图 3-2）。海拔分别可以解释各土层土壤有机碳含量变化的 12.4%、20.1%、17.3%、13.6%、12.4%。

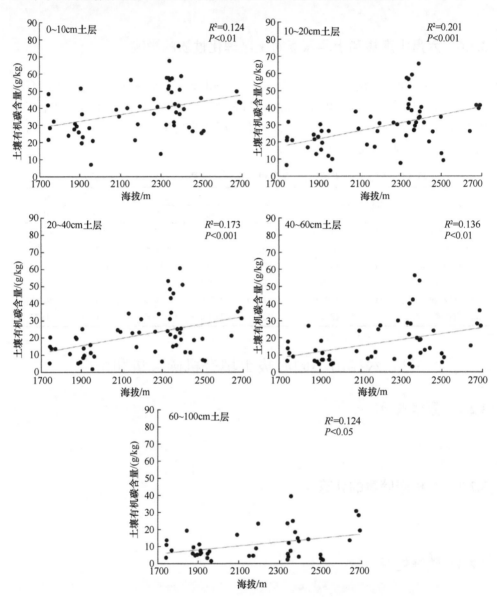

图 3-2　六盘山不同土层土壤有机碳含量与海拔的回归分析（刘波，2021）

3.2.5　六盘山森林土壤有机碳密度及储量

不同海拔梯度土壤有机碳密度范围为 2.90～7.99kg/m^2（表 3-3）。从同一土层不同海拔梯度的土壤有机碳密度变化来看，在 0～10cm 土层，海拔 2300～2500m 的土壤有机碳密度显著高于海拔 1900～2100m；在 10～20cm 和 20～40cm 土层，海拔 2300～2500m 的土壤有机碳密度显著高于海拔 1700～1900m 和 1900～

2100m；在 40～60cm 和 60～100cm 土层，不同海拔梯度间土壤有机碳密度变化未达显著水平。

表3-3　六盘山不同海拔梯度土壤有机碳密度（刘波，2021）

海拔梯度/m	土壤有机碳密度/（kg/m²）				
	0～10cm 土层	10～20cm 土层	20～40cm 土层	40～60cm 土层	60～100cm 土层
1700～1900	4.45±0.35ABa	2.90±0.31Ba	3.70±0.55Ba	3.29±0.60Aa	5.11±0.94Aa
1900～2100	4.21±0.60Ba	3.00±0.44Ba	4.12±0.65Ba	3.05±0.49Aa	4.20±0.76Aa
2100～2300	4.90±0.50ABa	3.30±0.39Ba	6.19±0.94ABa	4.69±1.09Aa	5.58±2.30Aa
2300～2500	5.83±0.29Aa	4.84±0.27Aa	6.93±0.73Aa	5.64±0.88Aa	6.71±1.29Aa
2500～2700	5.01±0.32ABa	3.69±0.68ABa	5.90±1.27ABa	5.16±1.09Aa	7.99±2.26Aa

注：不同小写字母表示同一海拔梯度不同土层间差异显著（$P<0.05$）；不含相同大写字母表示同一土层不同海拔梯度间差异显著（$P<0.05$）。

从同一海拔梯度不同土层间土壤有机碳密度变化来看，各海拔梯度的土壤有机碳密度在不同土层深度间均未达显著水平。

3.2.6　六盘山土壤有机碳含量沿海拔变化的影响因子分析

Pearson 相关性分析结果表明（表3-4），在整个剖面上，土壤有机碳含量与海拔、年平均气温、土壤容重存在极显著相关性。土壤有机碳含量与海拔、归一化植被指数呈正相关，与年平均气温、土壤 pH、土壤容重呈负相关。不同土层土壤有机碳含量与影响因子相关性不同。

表3-4　六盘山土壤有机碳含量与影响因子的 Pearson 相关性分析（刘波，2021）

影响因子	土壤有机碳含量				
	0～10cm 土层	10～20cm 土层	20～40cm 土层	40～60cm 土层	60～100cm 土层
海拔	0.374**	0.470**	0.440**	0.404**	0.355*
年平均气温	−0.435**	−0.538**	−0.487**	−0.430**	−0.355*
年平均降水量	0.231	0.300*	0.202	0.065	−0.045
归一化植被指数	0.349*	0.417**	0.289*	0.257	0.205
土壤 pH	−0.316*	−0.366**	−0.319*	−0.246	−0.137
土壤容重	−0.618**	−0.708**	−0.621**	−0.459**	−0.601**
土壤电导率	0.579**	0.315*	0.374**	0.350*	0.189
土壤黏粒含量	−0.561**	−0.493**	−0.358**	−0.432**	−0.112
土壤粉粒含量	−0.381**	−0.145	−0.264	−0.082	0.255
土壤砂粒含量	0.389**	0.177	0.272*	0.098	−0.246

*表示显著相关（$P<0.05$），**表示极显著相关（$P<0.01$）。

图 3-3a 显示了各项指标的标准化回归系数及气候、植被和土壤理化因子的相对重要性。全变量模型最多可以解释土壤有机碳含量总变化的 80.2%。气候、植被和土壤理化因子分别占模型可解释部分的 11.23%、5.07% 和 83.70%，说明土壤理化因子是影响六盘山土壤有机碳含量变化的主要因子。同时从各项指标对土壤有机碳含量的影响可以看出，土壤理化因子中的土壤电导率、土壤 pH、土壤容重、土壤黏粒含量和植被类型对土壤有机碳含量的影响达极显著水平（$P<0.01$）。

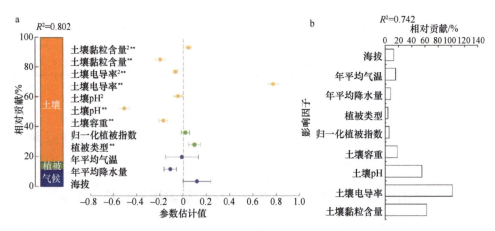

图 3-3　六盘山环境因子对土壤有机碳含量的相对重要性分析（刘波，2021）

a. 全变量模型；b. 随机森林模型。**表示极显著相关（$P<0.01$）

随机森林模型对各环境变量进行重要性评估的结果如图 3-3b 所示。进入随机森林模型的环境因子包括海拔、年平均气温、年平均降水量、归一化植被指数、植被类型、土壤容重、土壤电导率、土壤 pH 和土壤黏粒含量。图 3-3b 结果表明，影响六盘山森林土壤有机碳含量的最重要的环境因子是土壤电导率（均方误差增加值为 101.61%），其次为土壤黏粒含量（均方误差增加值为 62.22%）和土壤 pH（均方误差增加值为 55.16%）。说明影响六盘山森林土壤有机碳含量沿海拔分异的主导因子为土壤电导率。气候因子的重要性排序为年平均气温＞海拔＞年平均降水量；植被因子中归一化植被指数的重要性略大于植被类型。

3.3　讨　　论

3.3.1　海拔对土壤理化性质的影响

六盘山森林土壤 pH 均值范围为 6.77～7.94，在海拔 1700～2100m 偏高，在 2100～2700m 的中高海拔地区偏低。这是因为六盘山海拔 2100m 以上分布着大量的针叶林、阔叶林和针阔混交林，其林下土壤表层有机质含量丰富，活性腐殖酸

含量相对较高，因而土壤 pH 偏低（雷梅等，2000）。土壤电导率均值范围为 33.11～
144.12μS/cm，沿海拔的变化规律与土壤有机碳含量基本相同，这是由于土壤有机
碳含量越高，土壤阳离子交换量越大，对应的土壤电导率也就大。土壤颗粒主要
为粉粒和砂粒，黏粒含量最少。土壤黏粒含量在低海拔地区相对较多，在高海拔
地区相对较少。这可能是由于六盘山高海拔地区的降水量较多，山体矿物质因风
化作用形成的黏粒等细小颗粒物质在重力和雨水冲刷的作用下向低海拔地区迁移
（王金亮，1994），因而低海拔地区的土壤黏粒含量相对较多。

3.3.2 海拔对土壤有机碳含量的影响

六盘山不同海拔梯度土壤有机碳含量的均值范围为 7.23～46.66g/kg。从整体
上看，六盘山土壤有机碳含量在海拔 2300～2500m 最高，在海拔 1900～2100m 处
最低。这是因为六盘山在海拔 2300～2500m 主要分布着针叶林和针阔混交林，在
海拔 1900～2100m 区域内植被类型以灌丛和草地为主，而在海拔 1700～1900m 处
选取的植被类型主要为蒙古栎、华北落叶松和灌丛。海拔梯度对植被类型、枯落
物质量有较大影响，这可能是海拔梯度直接或间接影响土壤有机碳含量的重要原
因（曹恭祥等，2013）。

回归分析结果表明，海拔与土壤有机碳含量呈显著/极显著正相关，同时可以
看出，除 0～10cm 土层外，海拔对土壤有机碳含量的解释率随土层的加深而逐渐
减小。这是由于随着海拔的升高，气温下降，土壤有机碳向深层土壤迁移的速度
减慢，随土层的加深，土壤有机碳含量受海拔的影响减弱（刘伟等，2012）。

3.3.3 六盘山土壤有机碳密度及储量

从同一土层不同海拔梯度土壤有机碳密度的分布来看，在 0～10cm、10～20cm
和 20～40cm 土层，海拔 2300～2500m 的土壤有机碳密度显著高于海拔 1900～
2100m，这与土壤有机碳含量的变化相一致。说明影响土壤有机碳密度沿海拔变
化的决定因素还是土壤有机碳含量。但在 40～60cm 和 60～100cm 土层，各海拔
梯度间的差异均不显著，与土壤有机碳含量的变化不一致，导致差异不显著的重
要因素可能是土壤容重。从同一海拔不同土层间的变化来看，土壤有机碳密度在
各土层间均不显著，这与土层厚度有关。

六盘山土壤平均有机碳密度为 201.01t/hm^2，这与杨丽丽等（2015）的研究结
果一致。该密度远高于我国森林土壤平均有机碳密度（107.8t/hm^2）（刘世荣等，
2011）和世界森林土壤有机碳密度平均水平（189.00t/hm^2）（Dixon et al.，1994）。
一方面，全球森林土壤有机碳储量随纬度的升高而升高（Dixon et al.，1994）。本

研究区地处北半球中高纬度地区,因此森林土壤有机碳密度相对较高。另一方面,Wynn 等(2006)认为气候条件是影响土壤有机碳库空间分配的主要因素,低温和湿润环境更有利于土壤有机碳库的积累(魏亚伟等,2011)。本研究区低温高湿、森林植被结构复杂、林下植被丰富,凋落物量充足且易被分解,从而使该区土壤有机碳密度较高(曹恭祥等,2013)。

3.3.4 六盘山土壤有机碳海拔格局及成因

本研究表明,六盘山森林土壤有机碳含量沿海拔变化主要受土壤理化因子的影响。随机森林模型进一步表明,土壤电导率是主导六盘山森林土壤有机碳含量沿海拔变化的关键因子。由前面研究可知,海拔 2300～2500m 的土壤有机碳含量最高,同时该区域内的土壤 pH 最小,土壤电导率最高。这可能是由于该区域内植被的生长状况较好,植被在生长和繁殖的过程中,形成较多的土壤可溶性离子,从而使土壤电导率增加(Peiffer et al.,2013),同时,分泌的有机酸及土壤微生物的相互作用导致土壤 pH 下降,进而增加土壤养分含量以及增强有效养分的吸收和利用(孙正国,2015)。土壤电导率对土壤有机碳含量存在明显的正效应,且均方误差增加值高达 101.61%,说明土壤电导率是影响六盘山森林土壤有机碳含量沿海拔变化的主导因子。

土壤的颗粒组成可以影响土壤孔隙度和持水性能,进而影响土壤有机碳的分布(Jenkinson et al.,1991)。土壤黏粒在土壤有机质周转中具有双重作用,既能通过与土壤有机碳结合形成有机-无机复合体保护土壤有机质免遭微生物的分解(Nichols,1984),又能通过保护微生物不被土壤动物捕食而间接增加土壤有机质被分解的机会(胡亚林等,2006;田佳倩等,2008)。研究表明,土壤有机碳含量通常与土壤黏粒含量呈显著正相关(Nichols,1984;Arrouays et al.,1995;Arunachalam K and Arunachalam A,2000),但本研究得到相反的结论,这可能是土壤剖面长期成土演化的结果(郝翔翔,2017)。由于长期淋溶作用的影响,土壤表层的黏粒不断向下迁移,使黏粒含量向下逐渐增加,而随着土层加深,土壤有机碳来源减少,有机碳含量不断降低,最终表现为剖面中的土壤有机碳含量与黏粒含量呈负相关(郝翔翔,2017)。

气候因子中年平均气温的相对重要性最高,其次为海拔和年平均降水量。相关性分析结果表明,土壤有机碳含量与年平均气温呈显著/极显著负相关,与海拔呈显著/极显著正相关,而与年平均降水量的相关性不显著。这是因为六盘山地处暖温带大陆性季风气候,年平均降水量 632mm,年平均相对湿度 68%(刘刚等,2009),土壤较为湿润,冬季寒冷而漫长,春季气温多变,夏季短暂凉爽,秋季降温迅速(安永平等,2005),因而气温是影响该区域土壤有机碳含量的关键气候因子。

　　植被因子中归一化植被指数和植被类型对土壤有机碳含量的影响均相对较小。相关性分析结果表明，在 0～40cm 土层，归一化植被指数与土壤有机碳含量呈显著/极显著正相关。归一化植被指数能够较好地反映植被覆盖度、生物量及植被生长状态，较高的植被覆盖度和较好的植被生长状态能有效增加土壤有机碳的输入，从而有利于土壤有机碳的积累（Prince，1991；陈心桐等，2019）。图 3-3a 显示，植被类型对土壤有机碳含量的影响达极显著水平。这可能是由于六盘山存在树种丰富的阔叶林和针叶林，不同植被类型的植物残体在分解速率上差异较大，因而植被类型对土壤有机碳含量的影响显著。

第4章　三山土壤有机碳空间分布、含量及其影响因素分析

　　森林不仅占陆地总面积的30%,而且初级生产量占全球初级生产总量的75%,以及碳排放量占全球碳排放总量的45%（Beer et al.，2010；Pan et al.，2013）。森林是陆地上最大的碳储库和碳吸收汇。土壤作为森林生态系统的重要组成部分,其碳储量约占森林总碳储量的44%,占全球土壤碳储量的73%（Dixon et al.，1994；Pan et al.，2011）。土壤碳库的微小变化会对全球碳平衡、全球气候及植被产生深远影响。此外,土壤有机碳在改善自然生态系统土壤质量及缓解全球变暖问题上发挥着关键作用（Lal，2010）。因而,研究森林土壤有机碳的空间分布规律及其影响因素可为应对全球气候变化和改善森林生态提供理论依据。

　　森林土壤有机碳分布由于受到气候、植被、土壤等多种环境因子影响而表现出明显的空间异质性（程浩等,2018）。目前,我国对森林土壤有机碳的研究主要集中于区域尺度内的储量、分布特征及单一因子对森林土壤有机碳的影响方面（东主和马和平,2018）,但对于省域尺度内的多因素综合研究相对较少。气候、植被、土壤因子对土壤有机碳的影响究竟怎样？哪种因子起主导作用？这些问题不得而知。

　　宁夏地处我国半干旱区与干旱区的过渡地带,生态环境较为脆弱（陈芳等,2009）。该区森林资源匮乏且分布不平衡,森林主要集中分布于贺兰山、罗山和六盘山等海拔相对较高的山地（姬学龙等,2019）。研究表明,生境脆弱的山地系统对气候变化极为敏感（李巧燕和王襄平,2013）。因此,研究全球气候变化背景下脆弱山地生态系统土壤有机碳含量的动态分布格局有利于深入认识土壤有机碳含量分布的现状和未来变化趋势。本研究选取宁夏境内由南向北分布的3个山地系统（六盘山、罗山和贺兰山）作为研究区域,采集了三山共有海拔区间内的土壤样品,分析了宁夏主要森林土壤有机碳的空间分布特征,并结合结构方程模型探讨了气候、植被、土壤因子及三者间的交互作用对宁夏森林土壤有机碳的影响,揭示了不同生境下森林系统对气候变化的响应机制,以期为未来森林碳储库的科学管理及气候变化的积极应对提供一定的理论参考。

4.1 森林土壤有机碳空间分布特征

4.1.1 样地设置

2018 年 8 月下旬，在贺兰山、罗山和六盘山共有海拔区间（1300～2600m）内选取地形相近的区域进行样地布设。海拔每升高 200m 设置一个海拔梯度，其中，贺兰山共 4 个海拔梯度（海拔范围 1700～2600m），罗山共 4 个海拔梯度（海拔范围 1700～2600m），六盘山共 5 个海拔梯度（海拔范围 1700～2700m）。每个海拔梯度内设置 3～5 个 20m×20m 的样方，使用 GPS 和罗盘仪测量并记录每个样方的经纬度、海拔、坡度和坡向。每个样方沿"S"形设置 5 个采样点，用 5cm直径土钻分别在 0～10cm、10～20cm 和 20～40cm 土层采集土壤样品，将同一土层的土壤混合装袋，带回实验室进行指标测定。同时，使用 100cm^3 环刀分层采集土壤，用于测定土壤容重。

采集的样品自然风干后过 2mm 筛，用于土壤基本理化指标的测定。测定方法参照张光亮等（2018）和鲍士旦（2000）。土壤有机碳含量采用重铬酸钾氧化法测定；土壤 pH 采用电位法测定（水土质量比为 2.5∶1）；土壤电导率使用电导率仪测定；土壤粒度使用马尔文激光粒度仪（Master 2000）测定。

4.1.2 数据处理

同 1.2.3 节。

4.1.3 森林土壤有机碳含量垂直分布特征

由于三山土壤土层较薄，且 0～40cm 土层土壤对外界环境的响应较为敏感，因此本研究仅分析了 0～10cm、10～20cm 及 20～40cm 土层的土壤有机碳含量分布情况。从三山 0～40cm 土层平均土壤有机碳含量来看（表 4-1），贺兰山土壤有机碳含量最高（38.369g/kg），且显著高于六盘山（30.926g/kg）和罗山（27.669g/kg）；从同一土层不同山地有机碳含量来看，在 0～10cm 和 10～20cm 土层，贺兰山土壤有机碳含量显著高于罗山（$P<0.05$），而六盘山土壤有机碳含量与另外两山地的差异均不显著；而在 20～40cm 土层，三山土壤有机碳含量无显著差异。从同一样方不同土层土壤有机碳含量来看，罗山和六盘山 0～10cm 土层土壤有机碳含量显著高于 10～20cm 和 20～40cm 土层，贺兰山 0～10cm 土层土壤有机碳含量显著高于 20～40cm 土层，表明三山土壤有机碳含量具有明显的表聚现象。

表 4-1 三山森林土壤有机碳含量

山地	土壤有机碳含量/（g/kg）			
	0～10cm 土层	10～20cm 土层	20～40cm 土层	平均值
贺兰山	45.645±3.127Aa	37.575±3.937Aab	31.886±4.365Ab	38.369±3.596A
罗山	34.763±2.520Ba	25.968±1.750Bb	22.276±1.752Ab	27.669±1.747B
六盘山	39.533±2.668ABa	29.768±2.669ABb	23.477±2.570Ab	30.926±2.451B

注：不含相同大写字母表示同一土层不同山地间差异显著（$P<0.05$）；不含相同小写字母表示同一山地各土层间差异显著（$P<0.05$）。

4.1.4 森林土壤有机碳含量沿海拔的分布规律

三山森林土壤有机碳含量沿海拔的分布规律如图 4-1 所示。贺兰山各土层土壤有机碳含量随海拔升高呈先增加后减少的趋势（$P<0.01$），不同土层间土壤有机碳含量变化为 0～10cm 土层＞10～20cm 土层＞20～40cm 土层；罗山各土层土壤有机碳含量随海拔升高呈增加趋势（$P<0.01$），20～40cm 土层土壤有机碳含量明显低于 0～10cm 土层和 10～20cm 土层；六盘山各土层土壤有机碳含量随海拔

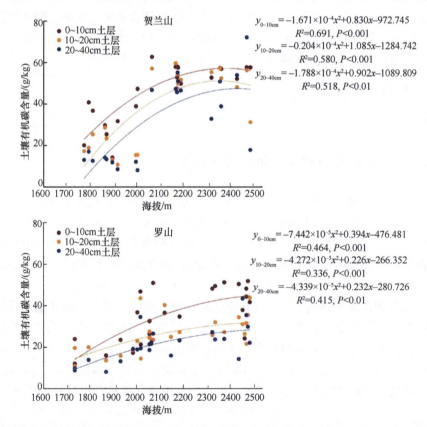

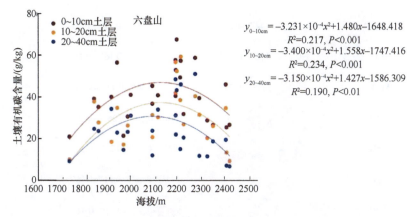

图 4-1　三山森林土壤有机碳含量沿海拔的分布规律

升高呈先增加后减少的单峰趋势（$P<0.01$），0～10cm 土层土壤有机碳含量明显高于 10～20cm 土层和 20～40cm 土层。

4.2　森林土壤有机碳含量及其影响因素

4.2.1　数据来源

同 1.2.1 节。

4.2.2　数据处理

同 1.2.3 节。

4.2.3　森林土壤有机碳含量与环境的相关性分析

Pearson 相关性分析（图 4-2）表明，年平均降水量对土壤有机碳含量的影响未达显著水平，而其余指标对土壤有机碳含量的影响均达极显著水平（$P<0.01$）。其中，海拔、归一化植被指数、土壤电导率、土壤砂粒含量与土壤有机碳含量呈极显著正相关；年平均气温、土壤 pH、土壤黏粒含量和土壤粉粒含量与土壤有机碳含量呈极显著负相关。

4.2.4　环境因子对森林土壤有机碳含量的影响

为探讨气候、植被、土壤因子对宁夏森林土壤有机碳含量的影响，本研究借助

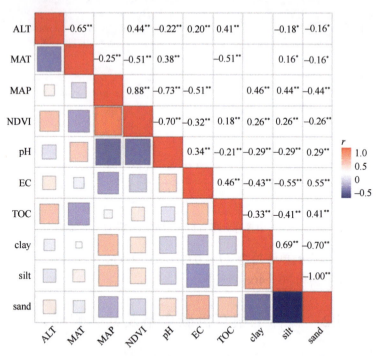

图4-2　三山土壤有机碳含量与环境因子的相关性分析

ALT：海拔；MAT：年平均气温；MAP：年平均降水量；NDVI：归一化植被指数；pH：土壤pH；EC：土壤电导率；TOC：土壤总有机碳含量；clay：土壤黏粒含量；silt：土壤粉粒含量；sand：土壤砂粒含量。*表示显著相关（$P<0.05$），**表示极显著相关（$P<0.01$），空格表示变量间相关性不显著，且红色表示正相关，蓝色表示负相关，颜色越深相关系数绝对值越大

方差分解和随机森林模型绘制了图4-3。方差分解分析时需要先进行变量筛选，本研究选择向后（backward）法进行模型构建。其中纳入模型的变量包含气候因子（年平均气温和年平均降水量）、植被因子（归一化植被指数）、土壤因子（土壤电导率、土壤pH和土壤黏粒含量）。方差分解的结果表明，环境因子累计可以解释森林土壤有机碳含量变化的54%，气候因子、植被因子和土壤因子分别可以单独解释10%（$F=20.10$，$P<0.01$）、2%（$F=9.14$，$P<0.01$）和17%（$F=24.02$，$P<0.01$）。气候因子和土壤因子可以共同解释22%；植被因子和土壤因子可以共同解释3%。

随机森林模型在处理多元共线性和交互作用的数据时准确率较高。本研究借助随机森林模型，对各项环境变量进行重要性评价。进入随机森林模型的环境因子包括海拔、年平均气温、年平均降水量、归一化植被指数、植被类型、土壤电导率、土壤pH、土壤黏粒含量、土壤砂粒含量和土壤粉粒含量。随机森林模型的结果表明，影响宁夏森林土壤有机碳含量最重要的环境因子是土壤电导率（均方误差增加值为109.68%），其次为土壤pH（均方误差增加值为56.37%）和年平均气温（均方误差增加值为55.91%）。气候因子中因子的重要性排序为年

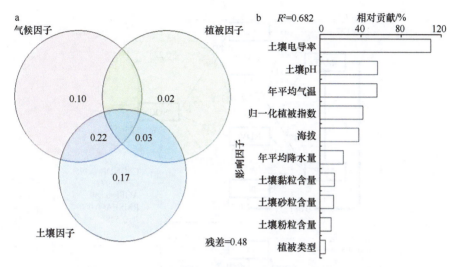

图 4-3　三山环境因子对土壤有机碳含量的相对重要性分析
a. 方差分解；b. 随机森林模型

平均气温＞海拔＞年平均降水量；植被因子中归一化植被指数的重要性远大于植被类型。

为进一步探究不同土层土壤有机碳含量与各环境因子间的相互作用，我们构建了结构方程模型（图 4-4）。该模型用于量化气候、植被、土壤因子对宁夏森林土壤有机碳含量的影响，从而揭示宁夏森林不同土层土壤有机碳含量的主控因子。

从上述分析结果可以看出，植被类型、土壤粉粒含量和土壤砂粒含量对土壤有机碳含量总方差的贡献较少，因此去除这 3 个指标，将年平均气温、年平均降水量、归一化植被指数、土壤 pH、土壤电导率和土壤黏粒含量纳入模型。从多个模型拟合度指标可以看出，模型拟合效果良好。模型对土壤 0～10cm、10～20cm、20～40cm 土层土壤有机碳含量的解释率分别为 85.60%、77.70% 和 59.10%。结合土壤有机碳含量与环境因子的效应（表 4-2）可以看出，宁夏森林 0～20cm 土层土壤有机碳含量主要受到年平均气温的影响；20～40cm 土层土壤有机碳含量主要受土壤电导率和土壤 pH 的影响。其中，年平均气温主要是通过自身的直接作用及对归一化植被指数、土壤 pH 的间接作用影响土壤有机碳含量。

从各环境因子对不同土层土壤有机碳含量的影响来看，年平均气温对土壤有机碳含量的间接影响总体上随着土层的递增而逐渐减弱；年平均降水量对土壤有机碳含量的直接作用和间接作用主要表现在 0～10cm 土层。归一化植被指数对土壤有机碳含量的影响主要表现在 0～20cm 土层。土壤电导率和土壤 pH 对土壤有机碳含量的影响在 0～40cm 土层中均有体现，并且在 20～40cm 土层中占据主导作用。土壤黏粒含量对土壤有机碳含量的影响主要表现在 10～20cm 土层。

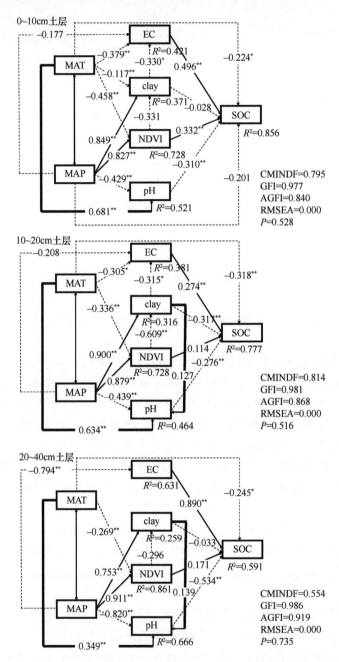

图4-4 三山气候因子、植被因子和土壤因子对不同土层土壤有机碳含量的作用路径

实线箭头表示正相关，虚线箭头表示负相关。MAT：年平均气温；MAP：年平均降水量；NDVI：归一化植被指数；pH：土壤pH；EC：土壤电导率；clay：土壤黏粒含量；SOC：土壤有机碳含量。*表示显著相关（$P<0.05$），**表示极显著相关（$P<0.01$）。CMINDF：卡方自由度比；AGFI：调整后适配度指数；GFI：适配度指数；RMSEA：近似误差均方根

表 4-2　三山环境因子对土壤有机碳含量的总效应、直接效应和间接效应

土壤有机碳含量	效应	年平均气温	年平均降水量	归一化植被指数	土壤电导率	土壤 pH	土壤黏粒含量
SOC₁	总效应	−0.777	0.001	0.385	0.496	−0.310	−0.192
SOC_1	直接效应	−0.224	−0.201	0.322	0.496	−0.310	−0.028
	间接效应	−0.553	0.202	0.063	0.000	0.000	−0.164
	总效应	−0.704	0.005	0.381	0.274	−0.276	−0.438
SOC_2	直接效应	−0.318	0.000	0.114	0.274	−0.276	−0.317
	间接效应	−0.386	0.005	0.267	0.000	0.000	−0.121
	总效应	−0.481	−0.133	0.183	0.890	−0.534	−0.041
SOC_3	直接效应	−0.245	0.000	0.171	0.890	−0.534	0.033
	间接效应	−0.236	−0.133	0.012	0.000	0.000	−0.074

注：SOC_1 为 0~10cm 土层土壤有机碳含量；SOC_2 为 10~20cm 土层土壤有机碳含量；SOC_3 为 20~40cm 土层土壤有机碳含量。

4.3　讨　　论

4.3.1　宁夏山地森林土壤有机碳含量的空间分布特征

本研究中，三山平均土壤有机碳含量表现为贺兰山＞六盘山＞罗山，与曲潇琳（2018）研究结果不一致。这是由于曲潇琳在贺兰山的取样海拔不超过 1700m，该范围主要分布着一些荒漠草原和灌丛。本研究取样海拔为 1300~2600m，该区域内分布着油松林、青海云杉林及针阔混交林，因此该区域内的土壤有机碳含量相对较高。分析三山的年平均降水量和年平均气温数据可以发现，六盘山的年平均降水量最高，罗山次之，贺兰山最低；罗山的年平均气温最高，贺兰山和六盘山较低。六盘山和贺兰山气候差异主要体现在降水量，这可能是由于贺兰山相对干旱的环境使得淋溶作用微弱，土壤有机质分解缓慢，从而使土壤有机碳积累（陈路红等，2017）。

森林土壤有机碳在垂直空间分布上通常表现出明显的表聚现象。这主要是因为森林土壤碳主要来源于凋落物的转化与矿化分解（王艳丽等，2019）。凋落物与土壤微生物集中分布于表层；凋落物的矿化及腐殖质都在表层，使表层土壤有机碳积累。另外，在降水的淋溶作用下，土壤有机碳呈现出明显的垂直分布特征。本研究中，三山皆表现出明显的表聚现象，但六盘山 0~10cm 土层土壤有机碳含量占比相对较高，这主要受植被类型影响，因为植被类型决定了进入土壤的有机物数量及其在剖面的分布，进而影响有机碳在土壤剖面的分配（程浩等，2018）。六盘山属于温带大陆性季风气候，植物物种丰富度和植被覆盖度均较高。在 2000~2500m 海拔区间分布有辽东栎、白桦、红桦、山杨等多种阔叶林；而贺兰山和罗山在该海拔区间的植被组成以针叶林及松杨（油松、山杨）混交林为主。

黄昕琦等（2016）研究表明，相较于针叶林，阔叶林土壤碳主要集中于表层，因而六盘山表层土壤有机碳含量占比较高。

从三山土壤有机碳含量沿海拔的分布规律来看，贺兰山和罗山土壤有机碳含量均随海拔的升高而显著增加，并且贺兰山土壤有机碳含量的上升幅度较大。海拔升高导致温度降低和降水量增加，促进植物凋落物转化为土壤有机质，从而有利于土壤有机碳积累（欧阳园丽等，2020）。贺兰山的温度和降水量在相同海拔区间内变化较快，因此其土壤有机碳含量随海拔变化较大。六盘山土壤有机碳含量随海拔升高呈现出先增加后减少的趋势。这可能与六盘山林分组成有关，在六盘山 2000～2300m 海拔范围内林分组成以阔叶林和针阔混交林为主，海拔 2300m 以上林分组成以针叶林为主。向业凤（2014）研究表明，六盘山阔叶林土壤有机碳含量随海拔升高呈增加趋势，而针叶林地土壤有机碳含量随海拔升高呈减少趋势。这是因为海拔对阔叶林土壤有机碳含量的影响以土壤有机碳的矿化为主，而对针叶林土壤有机碳含量的影响主要通过影响凋落物分解和向土壤的归还来实现。随着海拔升高，温度降低，土壤有机碳矿化作用减弱，从而利于土壤有机碳的积累。相较于阔叶林，针叶林凋落物较难分解，温度越低，其分解速度越慢，向土壤补充的有机碳越少，从而导致土壤有机碳含量随海拔升高而减少。

4.3.2 宁夏山地森林土壤有机碳含量的影响因素

气温和降水被认为是控制土壤有机碳输入和输出过程的主导因子，它们在很大程度上决定了植被的类型、产量和植物残体的分解过程（李巧燕和王襄平，2013）。陈芳等（2009）分析结果显示，年平均气温与土壤有机碳含量呈极显著负相关（$P<0.01$），这与大多数相关研究的研究结果一致。因为气温越低，土壤温度也就越低，低温导致土壤有机质矿化速率减慢，从而使土壤有机碳积累增多。年平均降水量对宁夏森林土壤有机碳含量的影响未达显著水平。这可能是因为宁夏山地森林的降水较为集中且降水主要以地表径流的形式流失，对土壤湿度的影响不明显，因此年平均降水量对土壤有机碳含量的影响不显著（李金全等，2016）。此外，相比年平均降水量，年平均气温对土壤有机碳含量变化的解释度更高，这与 Wang 等（2004）的研究结果一致。王建林等（2009）的研究结果表明，年平均气温对土壤有机碳含量的影响大于年平均降水量对土壤有机碳含量的影响。这可能是由于温度对缓性和惰性土壤有机碳的影响较为显著，而降水量对活性土壤有机碳的影响较大，但是活性土壤有机碳在土壤有机碳中占比较小，因而年平均气温的影响大于年平均降水量的影响。有研究表明，环境要素往往是影响表层土壤有机碳含量的关键因子（程浩等，2018）。这是因为表层土壤直接受外界环境的作用，对气候变化较为敏感。结构方程模型表明，年平均气温是主导 0～20cm 土

层森林土壤有机碳含量变化的关键因子。由于本研究选取的海拔落差为 200m，该区间的气温变化较降水变化更为灵敏，年平均气温通过影响有机残体的归还量及有机质分解速率，成为影响 0～20cm 土层土壤有机碳含量的关键气候因子。而年平均降水量的影响主要体现在 0～10cm 土层，这是因为表层土壤对降水的响应更灵敏（He et al.，2012）。

归一化植被指数可以反映某一时段内植被的生长状态及地上生物量的相对大小（姜俊彦等，2015）。本研究中，归一化植被指数与土壤有机碳含量呈极显著正相关，这是因为地表植被覆盖度高的区域，土壤接受有机残体和生物量相对较多，对土层的有机质输入就越多（Chen et al.，2016）。由结构方程模型的分析可知，归一化植被指数对土壤有机碳含量的影响主要体现在 0～20cm 土层，这是因为 0～20cm 土层是植物根系的主要分布区域，且接受较多的枯落物。土壤电导率和土壤 pH 通过调节土壤中微生物的活性以及酶活性，使得有机质矿化作用强度不同，进一步影响土壤有机碳含量的分布（程浩等，2018）。本研究中，土壤电导率与土壤有机碳含量呈极显著正相关（$P<0.01$），与袁大刚和张甘霖（2010）的研究结果一致。这可能是由于电导率高的土壤吸附交换性离子的能力更强，从而有利于有机碳的积累（郭全恩等，2018）。土壤 pH 与土壤有机碳含量呈极显著负相关。本研究中，山体土壤偏碱性，而碱性土壤环境可抑制微生物的活动从而降低有机碳分解速率（李忠等，2001）。

土壤电导率和土壤 pH 也是影响宁夏森林土壤有机碳含量的重要因子。因为生长状况良好的植被在生长和繁殖的过程中会产生较多数量的土壤可溶性离子，从而导致土壤电导率增加（李忠等，2001）。同时，植物根系分泌的有机酸及土壤微生物的相互作用导致土壤 pH 下降，进而增加土壤养分含量（孙正国，2015）。结构方程模型进一步分析表明，土壤电导率和土壤 pH 的主导作用主要体现在 20～40cm 土层。这是因为 20～40cm 土层有机质主要来源于上层土壤有机质的淋溶和迁移、根系残体及其分泌物的分解与转化（张帅普和邵明安，2014）。这些过程与土壤微生物活性息息相关。土壤电导率和土壤 pH 通过影响土壤微生物活性，进而影响土壤有机碳的输入，成为影响 20～40cm 土层土壤有机碳含量变化的关键因子。土壤质地不仅能够通过影响土壤的孔隙状况来对土壤的通气透水性和保水保肥能力产生影响，还能通过影响养分循环和微生物活性来影响有机质的稳定性和分解速率（杨昊天等，2018）。本研究中土壤有机碳含量与土壤砂粒含量呈极显著正相关，与土壤黏粒含量、土壤粉粒含量呈极显著负相关，这与杨昊天等（2018）的研究结果相符。土壤中的砂粒含量越高，其紧实度就越低，通气和透水能力越强，有利于植物根系的生长。

第二篇

宁夏山地森林生态系统碳循环关键过程

第5章 典型植物群落光合生理变化特征

光合作用是植物叶片吸收温室气体的主要途径，也是植物生长和代谢活动的生理基础（薛雪等，2015）。净光合速率、蒸腾速率和水分利用效率等光合参数是评价植物生长和抗逆性强弱的重要指标。植物光合作用受环境因子（主要包括光照、大气温度、空气相对湿度和大气 CO_2 浓度）影响较大。研究植物光合特性日变化可以了解不同植物对环境变化的响应，对于了解植物生长和揭示植物对环境适应性机制具有重要意义（韩忠明等，2014）。

宁夏贺兰山国家级自然保护区是宁夏三大天然林区之一，是毛乌素沙地、乌兰布和沙漠、腾格里沙漠与银川平原的分界线，也是西北地区最后一道生态屏障（刘秉儒等，2013），对于保护银川平原的生态环境起到重要作用，因此贺兰山具有极为特殊的地理位置和地理环境（梁存柱等，2004）。近年来，针对城市绿化树种的光合生理特性有较多报道，一些学者对浙江北部、上海等地区常用绿化树种的光合特性和固碳能力做了大量研究，目的是研究树种的光合作用能力及对环境的适应性，大量研究表明发挥森林生态效益的主要是绿化树种（薛雪等，2015；赵文瑞等，2016；胡耀升等，2015；张娇等，2013；陈月华等，2012）。贺兰山作为我国西北地区重要的气候与植被分界线，我国学者已对贺兰山进行了大量研究。赵晓春等（2011）研究了贺兰山 4 种典型森林类型枯落物的持水性能。许浩等（2014）和季波等（2015）研究了贺兰山主要森林类型土壤和主要森林树种的碳储量。刘胜涛等（2019）研究了贺兰山森林生态系统净化大气功能的空间分布格局。而有关贺兰山森林生态效益的源头——光合作用的相关研究尚少。因此，有必要对贺兰山典型植物的光合作用及水分利用特征进行研究。

本研究选取贺兰山 4 种常见乔木（青海云杉、山杨、油松和旱榆）及林下优势的灌木和草本 [日本小檗（*Berberis thunbergii*）、栒子（*Cotoneaster hissaricus*）、小叶忍冬（*Lonicera microphylla*）、披针叶野决明（*Thermopsis lanceolata*）、木里薹草（*Carex muliensis*）和冰草（*Agropyron cristatum*）] 作为研究对象，研究了不同植物净光合速率、蒸腾速率及水分利用效率等日变化特征及差异，并分析了它们与生理生态因子之间的关系，进一步探究了贺兰山不同的乔木、灌木、草本植物的光合生理规律，了解了不同的乔木、灌木、草本植物生长和抗逆性强弱，对评价该地区不同乔木、灌木、草本植物的生态效益及以后的森林抚育和管理具有重要意义。

5.1 环境因子日变化特征

5.1.1 研究区概况

宁夏贺兰山国家级自然保护区植被类型和土壤类型具有明显的垂直分布规律。随海拔的升高,植被类型依次为荒漠草原、山地疏林草原、针阔混交林、温性针叶林、寒性针叶林和高山草甸;土壤类型依次为风沙土、灰漠土、棕钙土、灰褐土、亚高山草甸土。主要树种有青海云杉、油松、杜松、旱榆、山杨。

5.1.2 样地调查

2020 年 7 月 28～31 日,我们对贺兰山东麓所选的 10 种乔木、灌木、草本植物进行了样地调查,每种植物选取标准样方 3 个(乔木标准样方 20m×20m,灌木标准样方 5m×5m,草本标准样方 1m×1m),共计 30 个,测量每种植物的株高、胸径和冠幅等指标。参试的 10 种植物基本信息详见表 5-1。

表 5-1 参试植物基本信息(陈高路等,2021a)

生活型	种名	科	属	胸径/cm	株高/m
乔木	青海云杉	松科	云杉属	15.92±0.50	9.79±0.20
	山杨	杨柳科	杨属	10.58±0.34	4.94±0.15
	油松	松科	松属	21.65±0.94	10.11±0.34
	旱榆	榆科	榆属	3.10±0.10	8.94±0.24
灌木	日本小檗	小檗科	小檗属	1.72±0.08	2.12±0.10
	枸子	蔷薇科	枸子属	1.71±0.06	2.16±0.06
	小叶忍冬	忍冬科	忍冬属	2.12±0.08	1.90±0.14
草本	披针叶野决明	豆科	野决明属		0.19±0.00
	木里薹草	莎草科	薹草属		0.14±0.01
	冰草	禾本科	冰草属		0.44±0.01

注:表中数据为平均值±标准误。空格表示没有该项数据。

5.1.3 光合生理参数的测定

植物的净光合速率采用美国 LI-COR 公司生产的 LI-6400XT 便携式光合仪进行测量,测量时选择晴朗无云、无风或微风的天气。于 2020 年 8 月 26～29 日,在自然光照条件下,8:00～18:00 每隔 2h 测量一次。每个标准样方选取生长健壮、无病虫害的标准样株 1 株,每株植物选取阳面、大小基本一致、生长健壮的叶片离体重复测量 3 次，测量时尽量将叶片铺满叶室，无相互遮盖。每次测量记录 5 个瞬时值，最后取其平均值。测定指标包括净光合速率（P_n）、蒸腾速率（T_r）、气孔导度（G_s）、胞间 CO_2 浓度（C_i）等光合生理参数，以及光合有效辐射（PAR）、大气温度（T_a）、叶片温度（T_l）和空气相对湿度（RH）、饱和蒸气压亏缺（VPD）等环境影响因子。通过测定的参数可以计算水分利用效率（WUE=P_n/T_r）和气孔限制值（L_s=1–C_i/G_s）。

5.1.4　数据处理

使用 Excel 和 SPSS 24.0 软件对数据进行分析处理及表格制作，并使用 Origin 2018 进行绘图。

5.1.5　研究区环境因子日变化特征

植物光合作用受环境因子（主要包括光照、大气温度、空气相对湿度和大气 CO_2 浓度）影响较大（李梦，2014）。由图 5-1 可知，研究区光合有效辐射、大气温度与饱和蒸气压亏缺日变化均呈单峰曲线，光合有效辐射在 12：00 达到最大值，为

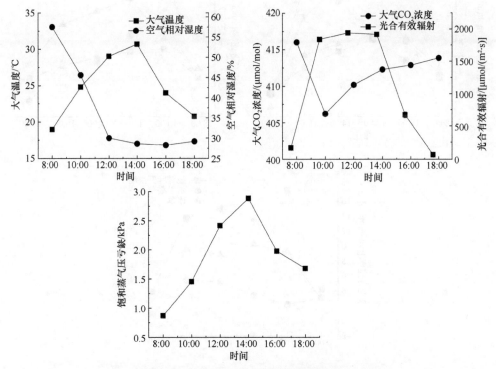

图 5-1　研究区环境因子日变化特征（陈高路等，2021a）

1937.90μmol/（m²·s），饱和蒸气压亏缺和大气温度均在 14：00 达到最大值，分别为 2.88kPa 和 30.69℃。

同时，研究区大气 CO_2 浓度和空气相对湿度日变化均表现为先降低后升高的趋势，大气 CO_2 浓度在 10：00 左右达到最低值（406.21μmol/mol），空气相对湿度在 16：00 左右达到最低值（<30%）。

5.2 植物叶片光合生理参数日变化特征

5.2.1 光合生理参数的测定

同 5.1.3 节。

5.2.2 净光合速率的日变化特征

图 5-2 显示，4 种乔木叶片净光合速率日变化仅山杨为双峰曲线，两次峰值分

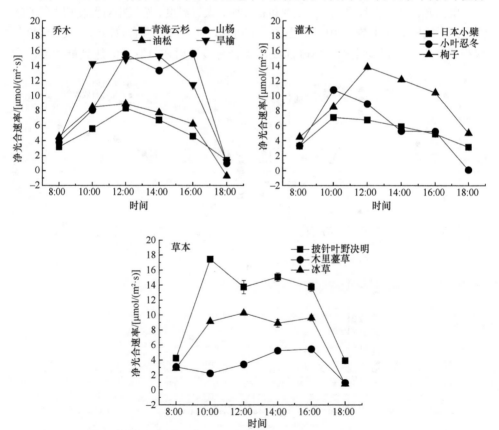

图 5-2 参试植物叶片净光合速率日变化特征（陈高路等，2021a）

别出现在 12：00 和 16：00 左右，峰值分别为 15.49μmol/（m²·s）和 15.58μmol/（m²·s）；其余 3 种乔木叶片净光合速率日变化均为单峰曲线，其中，青海云杉峰值［8.31μmol/（m²·s）］和油松峰值［8.91μmol/（m²·s）］均出现在 12：00 左右；旱榆的峰值［15.24μmol/（m²·s）］出现在 14：00 左右。3 种灌木叶片净光合速率日变化均为单峰曲线，其中，日本小檗的峰值［7.09μmol/（m²·s）］和小叶忍冬的峰值［10.70μmol/（m²·s）］均出现在 10：00 左右，栒子的峰值［13.81μmol/（m²·s）］出现在 12：00 左右。

冰草和披针叶野决明叶片净光合速率日变化均为双峰曲线，其中，披针叶野决明的两次峰值［17.43μmol/（m²·s）和 15.00μmol/（m²·s）］分别出现在 10：00 和 14：00 左右；冰草的两次峰值［10.26μmol/（m²·s）和 9.62μmol/（m²·s）］分别出现在 12：00 和 16：00 左右；木里薹草的峰值为 5.46μmol/（m²·s），出现在 16：00 左右。披针叶野决明净光合速率日均值大于其他参试草本植物。不同生活型植物叶片净光合速率日均值表现为乔木＞草本＞灌木，但无显著差异。

5.2.3　蒸腾速率和气孔导度的日变化特征

图 5-3 显示，乔木中山杨叶片的蒸腾速率为双峰曲线，第 1 次峰值出现在 10：00 左右，第 2 次峰值出现在 14：00 左右；油松和旱榆的蒸腾速率日变化为单峰曲线，均在 14：00 左右达到峰值。3 种灌木叶片的蒸腾速率日变化仅栒子为双峰曲线，两次峰值分别出现在 10：00 和 14：00 左右；日本小檗和小叶忍冬为单峰曲线，两者的峰值分别出现在 10：00 和 12：00 左右。3 种草本叶片的蒸腾速率日变化各不相同：披针叶野决明呈现 3 次峰值，分别出现在 10：00、14：00 和 18：00 左右；冰草和木里薹草均为单峰曲线，峰值分别出现在 12：00 和 16：00 左右。旱榆蒸腾速率日均值大于其他参试植物，不同生活型植物蒸腾速率日均值表现为乔木＞灌木＞草本。

参试植物叶片的气孔导度日变化规律与其蒸腾速率相似（图 5-3）。乔木中的青海云杉和旱榆气孔导度日变化曲线呈双峰型，第 1 次峰值均出现在 10：00 左右，第 2 次峰值分别出现在 18：00 和 14：00 左右；山杨和油松均为单峰曲线，峰值分别出现在 16：00 和 10：00 左右。灌木中栒子和小叶忍冬叶片的气孔导度均为双峰型日变化曲线，栒子两次峰值分别出现在 8：00 和 14：00 左右，小叶忍冬两次峰值分别出现在 10：00 和 16：00 左右；日本小檗为单峰曲线，峰值出现在 10：00 左右。草本中披针叶野决明和木里薹草叶片气孔导度日变化为双峰曲线，披针叶野决明的两次峰值分别出现在 10：00 和 14：00 左右，木里薹草两次峰值分别出现在 8：00 和 16：00 左右；冰草为单峰曲线，峰值出现在 10：00 左右。披针叶野决明叶片气孔导度日均值大于其他参试植物。不同生活型植物叶片气孔导度日均

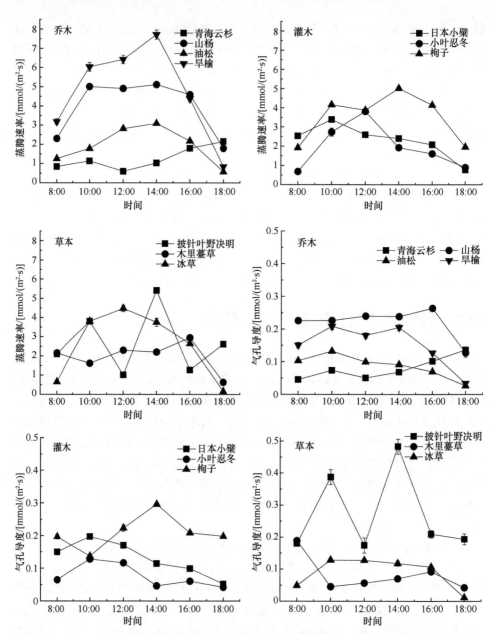

图 5-3　参试植物叶片蒸腾速率和气孔导度日变化特征（陈高路等，2021a）

值表现为草本＞灌木＞乔木，但乔木、灌木和草本植物之间无显著差异（表 5-2）。以上结果说明，不同植物叶片的蒸腾速率和气孔导度对环境变化的反应不同。就日变化尺度而言，植物叶片的蒸腾速率和气孔导度出现峰值的时间与光合有效辐射和大气温度出现峰值的时间基本一致，说明植物通过加速蒸腾作用，调节叶面温度以免叶片被高温灼烧，同时，水分可以运输营养成分，直接或间接地影响植物的光合作用效率和净光合速率。其中部分植物出现双峰曲线是由于正午光合有效辐射和大气温度超过了植物所能承受的阈值，引起部分叶片气孔关闭，蒸腾速率下降。

表 5-2　参试植物叶片光合生理参数日均值（陈高路等，2021a）

生活型	种名	净光合速率/ [µmol/ (m²·s)]	蒸腾速率/ [mmol/ (m²·s)]	气孔导度/ [mmol/ (m²·s)]	胞间 CO_2 浓度/ (µmol/mol)	气孔限制值	水分利用效率/ (µmol/mmol)
乔木	青海云杉	4.95±1.02h	1.26±0.24g	0.079±0.01e	276.77±25.83d	0.347±0.09a	5.45±1.92b
	山杨	9.54±2.55c	3.95±0.61b	0.220±0.02b	326.42±21.62a	0.200±0.04d	2.19±0.43ef
	油松	5.85±1.47f	1.95±0.39f	0.087±0.01e	297.24±36.88c	0.266±0.09b	2.54±0.94e
	旱榆	10.15±2.48b	4.76±1.02a	0.151±0.03c	272.61±22.65d	0.318±0.05a	2.03±0.22fg
	平均	7.62±1.30A	2.98±0.82A	0.134±0.00A	293.26±12.29A	0.283±0.03A	3.05±0.81A
灌木	日本小檗	5.17±0.70gh	2.30±0.35e	0.130±0.02d	315.67±8.77b	0.211±0.02d	2.57±0.43e
	小叶忍冬	5.60±1.56fg	1.95±0.48f	0.076±0.01e	275.85±30.39d	0.326±0.07a	2.99±0.70d
	栒子	9.05±1.55d	3.51±0.52c	0.210±0.02b	316.94±14.79ab	0.211±0.03d	2.52±0.17e
	平均	6.61±1.23A	2.59±0.47A	0.139±0.00A	302.82±13.49A	0.249±0.04A	2.69±0.15A
草本	披针叶野决明	11.35±2.37a	2.70±0.68d	0.271±0.05a	296.99±26.14c	0.241±0.06bc	6.37±2.38a
	木里薹草	3.40±0.71i	1.97±0.32f	0.083±0.02e	315.44±22.20b	0.239±0.04c	1.76±0.15g
	冰草	6.94±1.64e	2.58±0.73d	0.090±0.02e	250.95±10.48d	0.346±0.03a	3.58±0.61c
	平均	7.23±2.30A	2.42±0.23A	0.148±0.0A	287.79±19.18A	0.275±0.04A	3.90±1.34A

注：同列不含相同小写字母表示不同物种间差异显著（$P<0.05$）；同列相同大写字母表示不同生活型植物间差异不显著（$P\geq0.05$）。

5.2.4　胞间 CO_2 浓度和气孔限制值的日变化特征

参试植物叶片胞间 CO_2 浓度日变化总体上呈先下降后上升的趋势（图 5-4）。乔木中的油松和旱榆及草本中的披针叶野决明在 12：00～14：00 有一个短暂的上升，随后呈现下降再上升的趋势。参试植物叶片气孔限制值日变化基本与胞间 CO_2 浓度日变化呈相反趋势，大致呈先上升后下降的趋势（图 5-4）。其中，乔木中的青海云杉和草本中的木里薹草叶片气孔限制值日变化为单峰曲线，峰值分别出现在 12：00 和 14：00 左右；其余植物气孔限制值日变化均为双峰曲线，山杨、油松、旱榆、披针叶野决明和冰草两次峰值均分别出现在 12：00 和 16：00 左右，日本小檗则分别出现在 14：00 和 18：00 左右，而小叶忍冬和栒子的第 1 次峰

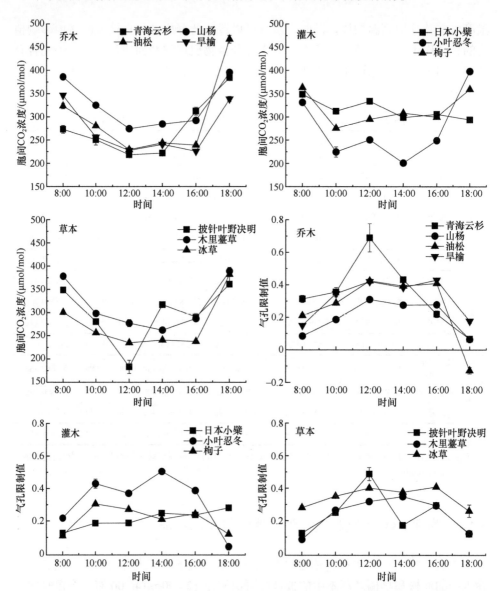

图 5-4　参试植物叶片胞间 CO_2 浓度和气孔限制值日变化特征（陈高路等，2021a）

值均出现在 10：00 左右，第 2 次峰值分别出现在 14：00 和 16：00 左右。山杨叶片胞间 CO_2 浓度日均值显著大于其他参试植物（枸子除外）。不同生活型植物叶片胞间 CO_2 浓度日均值表现为灌木＞乔木＞草本，气孔限制值表现为乔木＞草本＞灌木（表 5-2）。以上结果说明，植物叶片胞间 CO_2 浓度与净光合速率日变化大致呈负相关，胞间 CO_2 浓度会随着叶片同化 CO_2 速率的增大而减小。

5.2.5　水分利用效率的日变化特征

各参试植物间叶片的水分利用效率日变化趋势都存在差异（图 5-5）。乔木中青海云杉水分利用效率日变化为单峰曲线，峰值出现在 12：00 左右；其余植物叶片水分利用效率日变化都为双峰曲线，油松和旱榆的第 1 次峰值均在 10：00 左右，山杨第 1 次峰值出现在 12：00 左右，然后在 16：00 左右都到达第 2 次峰值。灌木中日本小檗叶片水分利用效率日变化呈现先上升再下降再上升的趋势，小叶忍冬则呈现先下降再上升再下降的趋势，而枸子呈现"W"形，但变化不明显。草本中披针叶野决明叶片水分利用效率日变化为双峰曲线，木里薹草为单峰曲线，冰草则呈先下降后上升的趋势。披针叶野决明叶片水分利用效率日均值显著大于其他参试植物。不同生活型植物叶片水分利用效率表现为草本＞乔木＞灌木，但乔木、灌木和草本植物之间无显著差异（表 5-2）。

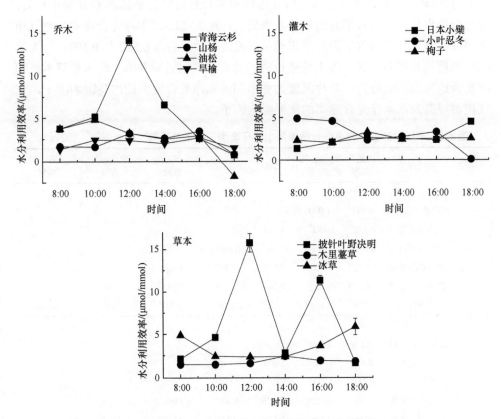

图 5-5　参试植物叶片水分利用效率日变化特征（陈高路等，2021a）

5.3 不同生活型植物净光合速率与主要环境因子的通径分析

5.3.1 数据处理

使用 Excel 和 SPSS 24.0 软件对数据进行分析处理及表格制作。采用 SPSS 24.0 软件对净光合速率与主要环境因子进行相关性分析，确定净光合速率的主要影响因子。

5.3.2 相关性分析

由表 5-3 可知，乔木净光合速率与饱和蒸气压亏缺、大气温度、叶片温度和光合有效辐射呈显著/极显著正相关，净光合速率与光合有效辐射的相关系数最大，为 0.748。灌木净光合速率与叶片温度和光合有效辐射呈显著/极显著正相关，净光合速率与光合有效辐射的相关系数最大，为 0.727。草本净光合速率与空气相对湿度和光合有效辐射呈极显著正相关，相关系数分别为 0.592 和 0.593；与大气 CO_2 浓度呈显著负相关。以上结果说明，光合有效辐射对乔木、灌木和草本植物净光合速率的影响最大，叶片温度为乔木和灌木净光合速率的次要影响因子，空气相对湿度为草本净光合速率的次要影响因子。

表 5-3 不同生活型植物净光合速率与主要环境因子的相关系数（陈高路等，2021a）

生活型	环境因子	净光合速率	饱和蒸气压亏缺	大气温度	叶片温度	大气 CO_2 浓度	空气相对湿度	光合有效辐射
	净光合速率	1.000						
	饱和蒸气压亏缺	0.497[*]	1.000					
	大气温度	0.532[**]	0.892[**]	1.000				
乔木	叶片温度	0.695[**]	0.893[**]	0.934[**]	1.000			
	大气 CO_2 浓度	−0.125	0.133	0.018	−0.132	1.000		
	空气相对湿度	−0.139	−0.723[**]	−0.547[**]	−0.418[*]	−0.585[**]	1.000	
	光合有效辐射	0.748[**]	0.468[*]	0.524[**]	0.758[**]	−0.497[*]	0.089	1.000
	净光合速率	1.000						
	饱和蒸气压亏缺	0.179	1.000					
	大气温度	0.449	0.826[**]	1.000				
灌木	叶片温度	0.548[*]	0.833[**]	0.955[**]	1.000			
	大气 CO_2 浓度	−0.156	−0.220	−0.426	−0.418	1.000		
	空气相对湿度	0.063	−0.835[**]	−0.556[*]	−0.479[*]	0.128	1.000	
	光合有效辐射	0.727[**]	0.559[*]	0.735[**]	0.874[**]	−0.354	−0.137	1.000

续表

生活型	环境因子	净光合速率	饱和蒸气压亏缺	大气温度	叶片温度	大气 CO_2 浓度	空气相对湿度	光合有效辐射
	净光合速率	1.000						
	饱和蒸气压亏缺	−0.242	1.000					
	大气温度	0.147	0.875**	1.000				
草本	叶片温度	0.199	0.868**	0.987**	1.000			
	大气 CO_2 浓度	−0.518*	−0.168	−0.383	−0.430	1.000		
	空气相对湿度	0.592**	−0.751**	−0.422	−0.370	−0.149	1.000	
	光合有效辐射	0.593**	0.541*	0.760**	0.838**	−0.624**	0.030	1.000

注：**和*分别表示显著性水平达到 0.01 和 0.05。

5.3.3　通径分析

通径分析结果（表 5-4）显示，各环境因子对乔木净光合速率的直接通径系数由大到小的顺序为叶片温度＞大气 CO_2 浓度＞光合有效辐射＞空气相对湿度＞大气温度＞饱和蒸气压亏缺，决策系数由大到小的顺序为光合有效辐射＞空气相对湿度＞大气 CO_2 浓度＞大气温度＞叶片温度＞饱和蒸气压亏缺。各环境因子对灌木净光合速率的直接通径系数由大到小的顺序为叶片温度＞大气 CO_2 浓度＞光合有效辐射＞大气温度＞空气相对湿度＞饱和蒸气压亏缺，决策系数由大到小的顺序为光合有效辐射＞大气 CO_2 浓度＞空气相对湿度＞大气温度＞叶片温度＞饱和蒸气压亏缺。各环境因子对草本净光合速率的直接通径系数由大到小的顺序为大气温度＞光合有效辐射＞大气 CO_2 浓度＞空气相对湿度＞叶片温度＞饱和蒸气压亏缺，决策系数由大到小的顺序为大气 CO_2 浓度＞光合有效辐射＞空气相对湿度＞饱和蒸气压亏缺＞大气温度＞叶片温度。尽管叶片温度对乔木和灌木植物、大气温度对草本植物净光合速率的直接通径系数较大，起到促进作用，但与其他因子的间接通径系数之和较小，抵消了正直接作用。整体来看，乔木和灌木植物的主要决定因子为光合有效辐射，主要限制因子为叶片温度和饱和蒸气压亏缺；草本植物的主要限制因子为大气温度和叶片温度。

表 5-4　不同生活型植物净光合速率与主要环境因子的通径分析（陈高路等，2021a）

生活型	环境因子	直接通径系数	间接通径系数							决策系数
			饱和蒸气压亏缺	大气温度	叶片温度	大气 CO_2 浓度	空气相对湿度	光合有效辐射	水分利用效率	
	饱和蒸气压亏缺	−1.074		−0.805	2.040	0.024	0.257	0.054	1.570	−2.219
	大气温度	−0.902	−0.958		2.133	0.003	0.195	0.061	1.434	−1.773
乔木	叶片温度	2.284	−0.959	−0.842		−0.024	0.149	0.088	−1.588	−2.037
	大气 CO_2 浓度	0.184	−0.143	−0.016	−0.301		0.208	−0.058	−0.310	−0.080
	空气相对湿度	−0.356	0.777	0.493	−0.955	−0.108		0.010	0.217	−0.028
	光合有效辐射	0.116	−0.503	−0.473	1.731	−0.091	−0.032		0.632	0.155

续表

生活型	环境因子	直接通径系数	间接通径系数							决策系数
			饱和蒸气压亏缺	大气温度	叶片温度	大气CO_2浓度	空气相对湿度	光合有效辐射	水分利用效率	
灌木	饱和蒸气压亏缺	-2.340		-0.681	2.202	-0.072	0.906	0.167	2.522	-6.327
	大气温度	-0.825	-1.933		2.524	-0.139	0.603	0.219	1.274	-1.421
	叶片温度	2.643	-1.949	-0.788		-0.137	0.520	0.260	-2.094	-4.083
	大气CO_2浓度	0.327	0.515	0.351	-1.105		-0.139	-0.105	-0.483	-0.209
	空气相对湿度	-1.085	1.954	0.459	-1.266	0.042		-0.041	1.148	-1.314
	光合有效辐射	0.298	-1.308	-0.606	2.310	-0.116	0.149		0.429	0.344
草本	饱和蒸气压亏缺	-1.454		1.410	-1.161	-0.008	0.261	0.710	1.212	-1.410
	大气温度	1.611	-1.272		-1.320	-0.018	0.146	0.998	-1.466	-2.128
	叶片温度	-1.337	-1.262	1.590		-0.020	0.128	1.100	1.536	-2.320
	大气CO_2浓度	0.046	0.244	-0.617	0.575		0.052	-0.819	-0.565	-0.050
	空气相对湿度	-0.347	1.092	-0.680	0.495	-0.007		0.039	0.939	-0.531
	光合有效辐射	1.313	-0.787	1.224	-1.120	-0.029	-0.010		-0.722	-0.172

注：空格代表某环境因子对自身的间接影响，不做统计。

5.4 讨　论

5.4.1 不同生活型植物光合特性比较

光合作用是植物物质积累和生理代谢的基本过程，是将太阳能转化为化学能并储存的主要途径。本研究中日均净光合速率由高到低依次为披针叶野决明、旱榆、山杨、枸子、冰草、油松、小叶忍冬、日本小檗、青海云杉、木里薹草，乔木＞草本＞灌木。乔木中又表现为阔叶树种大于针叶树种，这与丁俊祥等（2015）的研究结果一致。除木里薹草外，其余植物净光合速率、蒸腾速率和气孔导度基本呈早晚低，午间前后高的特点，均在 10：00～18：00 达到一天中较大值，这与冯晶红等（2020）得出的研究结果一致，而且冯晶红等（2020）的研究中也有部分草本植物净光合速率第 1 次峰值出现在 8：00 左右，但是与刘旻霞等（2020）研究得出的植物达到最大值的时间有差异，这可能是由于不同植物对环境的响应有一定差异。早晨植物叶片气孔开放，促进呼吸作用，净光合速率较低，所以胞间 CO_2 浓度较高；随着光照强度和气温的逐渐升高，净光合速率逐渐升高，CO_2 同化速率逐渐加快，胞间 CO_2 浓度逐渐降低，气孔导度也随之升高；午间光照强度和温度均较高，植物通过调节气孔来限制光合作用，从而使气孔限制值不断增大，所以胞间 CO_2 浓度和气孔限制值日变化呈相反的趋势；14：00 以后，随着光照强度和气温的逐渐降低，净光合速率逐渐降低，气孔导度下降，呼吸作用释放的 CO_2 就聚集在细胞间隙，导致胞间 CO_2 浓度逐渐增大。根据植物净光合速率日变化规律可将净光合速率日变化曲线分为单峰型和双峰型。本实验结果表明，贺兰山 10 种参试植物中净光合速率日变化仅山杨和 2 种草本呈双峰曲线，具有明显的光合"午休"现象，其余植物均呈单峰曲线。午间净光合速率下降时，胞间 CO_2 浓度随之降低，气孔限制值增加，并非为净光合速率和气孔导度下降时，胞间 CO_2 浓度随之增加，气孔限制值降低；午后的乔木和草本植物净光合速率和气孔导度下降时，胞间 CO_2 浓度呈增加趋势，气孔限制值呈降低趋势，说明乔木和草本植物净光合速率下降可能是由于气孔限制引起的，也可能是叶片遭受高温和强光导致光合活性下降造成。

水分利用效率是反映植物耐旱性的有效指标，即在相同条件下，水分利用效率越高植物的抗旱能力和对干旱的适应能力越强（曹生奎等，2009）。从蒸腾速率和水分利用效率的角度来看，乔木中的青海云杉和油松、灌木中的小叶忍冬及草本中的披针叶野决明和冰草蒸腾速率较低，且水分利用效率较高，水分利用效率总体表现为草本＞乔木＞灌木，且针叶树种大于阔叶树种。说明青海云杉、油松、小叶忍冬和披针叶野决明对土壤含水量的要求较低，具有较强的抗旱能力和对干旱的适应能力。草本的抗旱性大于乔木和灌木，针叶树种的抗旱性大于阔叶树种，这与刘倩等（2014）对滨海围垦区几种耐盐乔灌木抗旱性研究的研究结果一致。

5.4.2　不同生活型植物净光合速率影响因素比较

植物的净光合速率受环境和生理等多种因素的影响。在贺兰山东麓地区，环境中光合有效辐射和大气温度的不断增加（升高），使叶片温度与饱和蒸气压亏缺升高（增加），空气相对湿度降低，导致植物气孔导度和蒸腾速率不断增加，光合作用酶活性不断增强，净光合速率增加，CO_2 同化速率增大，胞间 CO_2 浓度降低。本研究测试的贺兰山东麓 10 种植物中，乔木净光合速率与饱和蒸气压亏缺、大气温度、叶片温度和光合有效辐射呈显著/极显著正相关；灌木净光合速率与叶片温度和光合有效辐射呈显著/极显著正相关；草本净光合速率与空气相对湿度和光合有效辐射呈极显著正相关，与大气 CO_2 浓度呈显著负相关。光合有效辐射为乔木、灌木和草本植物净光合速率的主要影响因子，叶片温度为乔木和灌木净光合速率的次要影响因子，空气相对湿度为草本净光合速率的次要影响因子，这与夏国威等（2019）对日本落叶松的研究的结果一致。进一步证明光合作用是环境生态因子与植物生理因子综合调控的复杂生理过程（冯晶红等，2020；周强等，2015）。

通径分析结果表明，乔木和灌木植物叶片温度、大气温度、大气 CO_2 浓度、空气相对湿度、饱和蒸气压亏缺均对净光合速率起抑制作用，光合有效辐射对净光合速率起促进作用；草本植物几种环境因子均对净光合速率起抑制作用。由决策系数大小可知，光合有效辐射为乔木和灌木植物的主要决定因子，饱和蒸气压亏缺和叶片温度为乔木和灌木植物的主要限制因子；大气温度和叶片温度为草本植物的主要限制因子。这可能是由于大气温度的升高使叶片温度与饱和蒸气压亏缺升高（增加）及空气相对湿度降低，进而使植物叶片部分气孔关闭，造成净光合速率降低的现象。此外，大气温度和叶片温度过高可能会破坏叶绿体和细胞质的结构，并使光合作用酶钝化，也会导致净光合速率降低。而草本植物相比乔木和灌木植物具有更高的耐阴性，所以光合有效辐射不是草本植物净光合速率的主要决定因子。

第 6 章　典型植物群落固碳释氧能力对比

全球气候变暖已经成为国内外研究的热点问题（王绍武，2010），究其原因是 CO_2 等温室气体大量排放造成的温室效应不断积累。联合国政府间气候变化专门委员会（Intergovernmental Panel on Climate Change，IPCC）第 5 次评估报告预测，2016～2035 年全球地表平均气温将升高 0.3～0.7℃，2081～2100 年将升高 0.3～4.8℃，这将是对全球生态环境的巨大挑战（沈永平和王国亚，2013）。森林生态系统作为陆地生物圈的重要组成部分，不仅在能量平衡和水循环方面起着关键作用，而且森林的碳汇功能在调节气候、碳循环和减缓气候变暖方面也起着至关重要的作用（Chu et al.，2019）。研究森林的固碳释氧能力不仅对提高造林质量还对评价该地区森林生态效益具有重要意义。

植物固碳是植物光合作用同化 CO_2 的过程，也是植物生长过程中碳素化合物积累的主要途径（张娇等，2013）。目前，学者们对植物光合固碳释氧做了大量研究。例如，Okimoto 等（2013）用气体交换分析和生长曲线分析两种方法估算出泰国 9 年生红树林年固碳量大于 3～5 年生红树林年固碳量；Zheng 等（2011，2019）研究发现，半干旱黄土高原阴坡刺槐固碳能力大于阳坡，幼龄林大于成熟林，且在相同林分密度下，33%的低强度间伐更适合刺槐的可持续经营，可提高刺槐的固碳能力；史红文等（2011）、邵永昌等（2016）、郝鑫杰等（2017）分别研究了湖北（武汉）、上海、内蒙古（呼和浩特）常见绿化树种的光合特性及固碳释氧能力，并对测试植物日固碳释氧量进行了聚类分析，目的在于筛选适合当地环境的高固碳释氧绿化植物。这些研究结果均为当地生态建设提供了数据支持。因此，研究不同环境及地区植物固碳释氧能力具有重要意义。

宁夏贺兰山国家级自然保护区地处我国温带草原区与荒漠区的过渡地带，是银川平原的一道天然屏障，对于保护银川平原的生态环境起到重要的作用（季波等，2014a）。但是目前尚未有贺兰山主要森林树种光合固碳释氧能力方面的报道。本研究选取贺兰山 10 种典型植物作为研究对象，对其叶面积指数和净光合速率进行了测量，并对单位叶面积、单位冠幅投影面积、单株植物、单位土地面积日净固碳释氧量进行了对比分析，旨在探讨该地区典型植物固碳释氧能力的优劣，以期为今后贺兰山典型林分抚育管理提供理论支撑及科学依据。

6.1 植物叶片性状和日均净光合速率分析

6.1.1 研究区概况

贺兰山国家级自然保护区植被类型有明显的垂直分布规律，随海拔的升高，植被类型依次为荒漠草原、山地疏林草原、针阔混交林、温性针叶林、寒性针叶林和高山草甸。青海云杉林分布于海拔 2400～3100m 的地带，林下土壤以灰褐土为主。油松林分布于海拔 2000～2400m 的地带，林下土壤为灰褐土和棕钙土。部分区域有由油松、青海云杉与山杨等乔木组成的混交林。旱榆林分布于海拔 1500～1900m，土壤以棕钙土为主（季波等，2015）。

6.1.2 实验材料

2020 年 7 月 28～31 日，我们对贺兰山所选的 10 种乔木、灌木、草本植物进行了样方调查，其中乔木 4 种（青海云杉、山杨、油松、旱榆）、灌木 3 种（日本小檗、栒子、小叶忍冬）、草本 3 种（披针叶野决明、冰草、木里薹草）。每种植物选取标准样方 3 个（乔木标准样方 20m×20m，灌木标准样方 5m×5m，草本标准样方 1m×1m），共计 30 个，并测量每种植物的株高、胸径和冠幅等指标。样方基本信息详见表 6-1。

表 6-1 样方基本信息（陈高路等，2021b）

植被类型	物种	株高/m	胸径/cm	冠幅/m	林分密度/（株/hm²）	郁闭度/%	坡度/(°)	主要林下植被
油松林	油松	10.11±0.34	21.65±0.94	4.57±0.17	533.33	50	23	杜松、虎榛子、小叶忍冬、日本小檗、木里薹草、旱熟禾等
混交林	山杨	4.94±0.15	10.58±0.34	2.48±0.09	366.67	60	16	银露梅、栒子、日本小檗、小叶忍冬、唐松草等
	青海云杉	8.14±0.28	16.85±0.74	3.62±0.14	508.33	60	16	
	油松	8.43±0.89	21.79±4.32	4.38±0.40	58.33	60	16	
青海云杉林	青海云杉	9.79±0.20	15.92±0.50	3.42±0.09	1233.33	60	29	杜松、栒子、日本小檗、小叶忍冬、木里薹草等
旱榆林	旱榆	3.10±0.10	8.94±0.24	2.86±0.20	383.33	20	30	短花针茅、灌木亚菊等
灌木	日本小檗	2.12±0.10	1.72±0.08	2.84±0.19	—	—	—	—
	栒子	2.16±0.06	1.71±0.06	1.75±0.10	—	—	—	—
	小叶忍冬	1.90±0.14	2.12±0.08	1.86±0.10	—	—	—	—
草本	披针叶野决明	0.19±0.00	—	—	—	—	—	—
	木里薹草	0.14±0.01	—	—	—	—	—	—
	冰草	0.44±0.01	—	—	—	—	—	—

注：株高、胸径和冠幅数据为平均值±标准误。"—"代表没有调查该数据。

6.1.3　叶片性状测定

比叶面积测定：每种植物选取 3 株标准植株，从东、西、南、北 4 个方位随机摘取叶片 50～100 枚。将取下的叶片带回实验室，利用扫描仪对叶片进行图像扫描，采用 Photoshop 软件测定其投影面积，以此作为叶片面积。测定完毕后放入烘箱，65℃烘干至恒重。依据式（6-1）计算植物的比叶面积：

$$SLA = \frac{S}{W_{dry}} \tag{6-1}$$

式中，SLA 为植物的比叶面积（cm^2/g）；S 为叶片投影面积（cm^2）；W_{dry} 为叶片干重（g）。

叶面积指数测定：植物的叶面积指数采用经验公式法进行计算，即利用前人的植物生物量模型（本研究选用的 7 种植物叶生物量模型见表 6-2）计算该植物的整株叶片干重。草本生物量采用实测值。然后依据式（6-2）计算植物的叶面积指数：

$$LAI = \frac{W \times SLA}{C} \tag{6-2}$$

式中，LAI 为植物的叶面积指数；W 为植物整株叶片干重（kg）；C 为植物的冠幅面积（m^2）。

表 6-2　植物叶生物量模型（陈高路等，2021b）

物种	公式	文献出处
青海云杉	$\lg W = 1.6201 + 0.6921 D^2 H$	穆天民，1982
山杨	$W = 1/(0.0000333 + 0.00369 \times 0.815^D)$	姜鹏等，2014
油松	$\ln W = -4.605 + 0.816 \ln(D^2 H)$	刘斌等，2010
旱榆	$\ln W = -2.9503 + 1.7657 \ln D$	梁咏亮，2012
日本小檗	$W = 0.052[-8.464 + 0.051(D^2 H)(2.403 \times 10^{-5})(D^2 H)^2]$	仇瑶等，2015
枸子	$W = 0.035(5.654 - 0.011 V^2 + 0.001 V^3)$	仇瑶等，2015
小叶忍冬	$W = 0.054(7.448 \times 10^{-9})(D^2 H)^{2.753}$	仇瑶等，2015

注：W 表示植物整株叶片干重（通常以 g 或 kg 为单位）；D 表示植物的胸径（直径），单位通常是 cm；H 表示植物的高度，单位通常是 m；V 在某些模型中可能表示植物的体积或其他与植物大小相关的变量。

6.1.4　数据处理

所有数据使用 Excel 和 SPSS 24.0 软件进行整理与统计分析。

6.1.5　结果与分析

由表 6-3 可知，青海云杉单株叶干重显著高于其他物种，为 15.98kg，其他依次为油松、旱榆、山杨、日本小檗、枸子、小叶忍冬、披针叶野决明、冰草。从不同生活型植物的单株叶干重来看，乔木（7.72kg）显著高于灌木（0.34kg）和草本（0.001kg）。青海云杉单株叶面积显著高于其他物种，为66.57m²，其他依次为油松、山杨、旱榆、日本小檗、枸子、小叶忍冬、披针叶野决明、冰草。从不同生活型植物单株叶面积来看，乔木（38.21m²）显著高于灌木（3.71m²）和草本（0.01m²）。木里薹草比叶面积显著高于其他物种，为 25.15m²/kg，其他依次为小叶忍冬、冰草、山杨、枸子、披针叶野决明、日本小檗、旱榆、青海云杉、油松。从不同生活型植物的比叶面积来看，草本（16.86m²/kg）显著大于乔木（6.93m²/kg）和灌木（12.40m²/kg）。青海云杉叶面积指数显著高于其他物种，为6.60，其他依次为山杨、旱榆、油松、枸子、日本小檗、小叶忍冬。从不同生活型植物的叶面积指数来看，乔木（4.27）显著大于灌木（0.86）。披针叶野决明日均净光合速率高于其他物种，为11.35μmol/（m²·s），其他依次为旱榆、山杨、枸子、冰草、油松、小叶忍冬、日本小檗、青海云杉、木里薹草。从不同生活型植物的日均净光合速率来看，乔木＞草本＞灌木，但无显著性差异。

表6-3　植物叶片性状（陈高路等，2021b）

生活型	物种	单株叶干重/kg	单株叶面积/m²	比叶面积/（m²/kg）	叶面积指数	日均净光合速率/[μmol/（m²·s）]
乔木	青海云杉	15.98±1.53a	66.57±6.36a	4.16±0.08g	6.60±0.32a	4.95±1.02cd
	山杨	2.32±0.39c	28.22±4.70c	12.14±0.16cd	5.47±0.43b	9.54±2.55abc
	油松	10.06±1.25b	39.23±4.87b	3.90±0.47g	2.20±0.11c	5.85±1.47bcd
	旱榆	2.50±0.01c	18.82±0.07d	7.52±0.27f	2.82±0.32c	10.15±2.48ab
	平均	7.72±1.77A	38.21±5.75A	6.93±1.01C	4.27±0.56A	7.62±1.30A
灌木	日本小檗	0.71±0.09cd	7.39±0.92e	10.41±0.11e	1.10±0.04d	5.17±0.70cd
	小叶忍冬	0.05±0.01d	0.70±0.14e	14.81±0.09b	0.25±0.05e	5.60±1.56bcd
	枸子	0.25±0.02d	3.05±0.29e	11.97±0.72de	1.22±0.11d	8.88±1.45abc
	平均	0.34±0.10B	3.71±1.02B	12.40±0.68B	0.86±0.16B	6.55±1.17A
草本	披针叶野决明	0.0013±0.00d	0.01±0.00e	11.67±1.19de	—	11.35±2.37a
	木里薹草	—		25.15±0.52a		3.40±0.71d
	冰草	0.0003±0.00d	0.004±0.00e	13.76±0.74bc		6.94±1.64abcd
	平均	0.001±0.00B	0.01±0.00B	16.86±2.14A		7.23±2.30A

注：同列不含相同小写字母表示不同物种间差异显著（$P<0.05$）；同列不同大写字母表示不同生活型植物间（$P<0.05$）差异显著。"—"代表该项数据未测出。

6.2　植物固碳释氧能力分析

6.2.1　固碳释氧量的测定

根据植物光合作用原理，利用植物净光合速率日变化来计算植物的日固碳释氧

量。2020 年 8 月 26～29 日，选择晴朗无云、无风的天气，在自然光照下，8：00～
18：00 每隔 2h 用 LI-6400XT 便携式光合仪测量一次。每种植物选取生长健壮、
无病虫害的标准样株 3 株，每株植物选取阳面、大小基本一致、生长健壮的叶片
离体测量，3 次重复。测量时尽量将叶片铺满叶室，无相互遮盖。每次测量记录 5
个净光合速率瞬时值，最后取其平均值。

植物日同化量是净光合速率日变化图中净光合速率曲线与时间横轴围合的面
积，用简单积分法可以计算植物叶片的日净同化量。日净同化量按照式（6-3）计
算（赵文瑞等，2016）。

$$P = \sum_{i=1}^{j} \left[\frac{(P_{i+1} + P_i)}{2} \times (t_{i+1} - t_i) \times 3600 \times 0.001 \right] \tag{6-3}$$

式中，P 为测定日单位叶面积的日同化量 [mmol/（$m^2 \cdot d$）]；P_i 为初测点的瞬时光
合速率 [μmol/（$m^2 \cdot s$）]；P_{i+1} 为下一测点的瞬时光合速率 [μmol/（$m^2 \cdot s$）]；t_i 为
初测点的瞬时时间（h）；t_{i+1} 为下一测点的瞬时时间（h）；j 为测试次数；3600 为
每小时 3600s；0.001 为毫摩尔与微摩尔间的转化率。

一般植物晚上的暗呼吸消耗量按照白天同化量的 20%计算，测定日的总同化
量换算为测定日固定 CO_2 量按照式（6-4）计算：

$$W_{CO_2} = P \times (1 - 0.2) \times 44 / 1000 \tag{6-4}$$

式中，W_{CO_2} 为单位面积的叶片日固定 CO_2 的质量 [g/（$m^2 \cdot d$）]；44 为 CO_2 的摩
尔质量（g/mol）。

植物日释氧量按照式（6-5）计算：

$$W_{O_2} = P \times (1 - 0.2) \times 32 / 1000 \tag{6-5}$$

式中，W_{O_2} 为单位面积的叶片日释放 O_2 的质量 [g/（$m^2 \cdot d$）]；32 为 O_2 的摩尔质
量（g/mol）。

植物单位冠幅投影面积日固碳释氧量按照式（6-6）和式（6-7）计算：

$$C_{CO_2} = W_{CO_2} \times LAI \tag{6-6}$$

$$C_{O_2} = W_{O_2} \times LAI \tag{6-7}$$

式中，C_{CO_2} 为单位冠幅投影面积的叶片日固定 CO_2 的质量 [g/（$m^2 \cdot d$）]；C_{O_2} 为
单位冠幅投影面积的叶片日释放 O_2 的质量 [g/（$m^2 \cdot d$）]；LAI 为植物的叶面积
指数。

单株植物日固碳释氧量按照式（6-8）和式（6-9）计算：

$$S_{CO_2} = W_{CO_2} \times S \tag{6-8}$$

$$S_{O_2} = W_{O_2} \times S \tag{6-9}$$

式中，S_{CO_2} 为单株植物叶片日固定 CO_2 的质量（g/d）；S_{O_2} 为单株植物叶片释放 O_2 的质量（g/d）；S 为植物单株总叶面积（m^2）。

单位林地面积植物日固碳释氧量按照式（6-10）和式（6-11）计算：

$$Q_{CO_2} = S_{CO_2} \times S_d \qquad (6\text{-}10)$$

$$Q_{O_2} = S_{O_2} \times S_d \qquad (6\text{-}11)$$

式中，Q_{CO_2} 为单位林地面积乔木固定 CO_2 的质量 [kg/（$hm^2 \cdot d$）]；Q_{O_2} 为单位林地面积乔木释放 O_2 的质量 [kg/（$hm^2 \cdot d$）]；S_d 为林分密度（株/hm^2）。

6.2.2 植物单位叶面积日同化量、日固碳量和日释氧量

由表 6-4 可知，4 种乔木单位叶面积日同化量、日固碳量及日释氧量分别为 197.67～421.29mmol/（$m^2 \cdot d$）、6.96～14.83g/（$m^2 \cdot d$）、5.06～10.79g/（$m^2 \cdot d$）；3 个指标均以旱榆最高，青海云杉最低。3 种灌木单位叶面积日同化量、日固碳量及日释氧量分别为 200.13～349.70mmol/（$m^2 \cdot d$）、7.04～12.31g/（$m^2 \cdot d$）、5.12～8.95g/（$m^2 \cdot d$）；3 个指标均以枸子最高，日本小檗最低。3 种草本单位叶面积日同化量、日固碳量及日释氧量分别为 132.32～458.68mmol/（$m^2 \cdot d$）、4.66～16.15g/（$m^2 \cdot d$）、3.39～11.74g/（$m^2 \cdot d$）；3 个指标均以披针叶野决明最高，木里薹草最低。3 种林分单位叶面积平均日同化量、平均日固碳量及平均日释氧量分别为 259.10～313.25mmol/（$m^2 \cdot d$）、9.12～11.03g/（$m^2 \cdot d$）、6.63～8.02g/（$m^2 \cdot d$）；3 个指标由大到小均为乔木>草本>灌木，乔木均分别约为灌木和草本的 1.21 倍和 1.08 倍，但均无显著性差异。

表 6-4 植物单位叶面积日同化量、日固碳量和日释氧量（陈高路等，2021b）

生活型	种名	单位叶面积日同化量/ [mmol/（$m^2 \cdot d$）]	单位叶面积日固碳量/ [g/（$m^2 \cdot d$）]	单位叶面积日释氧量/ [g/（$m^2 \cdot d$）]
乔木	青海云杉	197.67±4.90f	6.96±0.17f	5.06±0.13f
	山杨	394.90±5.89b	13.90±0.21b	10.11±015b
	油松	239.12±7.56e	8.42±0.27e	6.12±0.19e
	旱榆	421.29±8.87b	14.83±0.31b	10.79±0.23b
	平均	313.25±55.67A	11.03±1.96A	8.02±1.43A
灌木	日本小檗	200.13±8.48f	7.04±0.30f	5.12±0.22f
	小叶忍冬	227.47±5.16ef	8.01±0.18ef	5.82±0.13ef
	枸子	349.70±12.30c	12.31±0.43c	8.95±0.31c
	平均	259.10±45.98A	9.12±1.62A	6.63±1.18A
草本	披针叶野决明	458.68±24.11a	16.15±0.85a	11.74±0.62a
	木里薹草	132.32±2.45g	4.66±0.09g	3.39±0.06g
	冰草	282.82±16.34d	9.96±0.58d	7.24±0.42d
	平均	291.27±94.31A	10.26±3.32A	7.46±2.41A

注：同列不含相同小写字母表示不同物种间差异显著（$P<0.05$）；同列相同大写字母表示不同生活型植物间差异不显著（$P \geq 0.05$）。

6.2.3　植物单位冠幅投影面积日同化量、日固碳量和日释氧量

由表 6-5 可知，4 种乔木单位冠幅投影面积日同化量、日固碳量及日释氧量分别为 525.33～2159.05mmol/（m²·d）、18.49～76.00g/（m²·d）、13.45～55.27g/（m²·d）；3 个指标均以山杨最高，油松最低。3 种灌木单位冠幅投影面积日同化量、日固碳量及日释氧量分别为 56.27～426.76mmol/（m²·d）、1.98～15.02g/（m²·d）、1.44～10.93g/（m²·d）；3 个指标均以枸子最高，小叶忍冬最低。从不同生活型来看，乔木和灌木植物的单位冠幅投影面积平均日同化量、平均日固碳量及平均日释氧量分别为 1294.04mmol/（m²·d）和 234.41mmol/（m²·d）、45.55g/（m²·d）和 8.25g/（m²·d）、33.13g/（m²·d）和 6.00g/（m²·d）；3 个指标乔木均显著大于灌木，且均约为灌木的 5.52 倍。

表 6-5　植物单位冠幅投影面积日同化量、日固碳量和日释氧量（陈高路等，2021b）

生活型	种名	单位冠幅投影面积日同化量/[mmol/（m²·d）]	单位冠幅投影面积日固碳量/[g/（m²·d）]	单位冠幅投影面积日释氧量/[g/（m²·d）]
乔木	青海云杉	1303.89±62.52b	45.90±2.20b	33.38±1.60b
	山杨	2159.05±169.06a	76.00±5.95a	55.27±4.33a
	油松	525.33±26.32c	18.49±0.93c	13.45±0.67c
	旱榆	1187.89±132.87b	41.81±4.68b	30.41±3.40b
	平均	1294.04±181.67A	45.55±6.39A	33.13±4.65A
灌木	日本小檗	220.21±7.91de	7.75±0.28de	5.64±0.20de
	小叶忍冬	56.27±12.32e	1.98±0.43e	1.44±0.32e
	枸子	426.76±38.80cd	15.02±1.37cd	10.93±0.99cd
	平均	234.41±54.91B	8.25±1.93B	6.00±1.41B

注：同列不含相同小写字母表示不同物种间差异显著（$P < 0.05$）；同列不同大写字母表示不同生活型植物间差异显著（$P < 0.05$）。

6.2.4　单株植物日同化量、日固碳量和日释氧量

由表 6-6 可知，4 种乔木单株植物日同化量、日固碳量及日释氧量分别为 7.93～13.16mol/d、279.05～463.17g/d、202.94～336.85g/d；3 个指标均以青海云杉最高，旱榆最低。3 种灌木单株植物日同化量、日固碳量及日释氧量分别为 0.16～1.48mol/d、5.64～52.07g/d、4.10～37.87g/d；3 个指标均以日本小檗最高，小叶忍冬最低。披针叶野决明和冰草的单株植物日同化量、日固碳量及日释氧量分别为 0.01mol/d 和 0.001mol/d、0.24g/d 和 0.04g/d、0.17g/d 和 0.03g/d；3 个指标披针叶野决明均大于冰草。3 种林分单株植物的平均日同化量、平均日固碳量及平均日释氧量分别为 0.01～10.40mol/d、0.14～366.17g/d、0.10～266.31g/d。

表 6-6　单株植物日同化量、日固碳量和日释氧量（陈高路等，2021b）

生活型	种名	单株植物日同化量/(mol/d)	单株植物日固碳量/(g/d)	单株植物日释氧量/(g/d)
乔木	青海云杉	13.16±1.26a	463.17±44.27a	336.85±32.20a
	山杨	11.14±1.85ab	392.23±65.27ab	285.26±47.47ab
	油松	9.38±1.17bc	330.23±41.03bc	240.17±29.84bc
	旱榆	7.93±0.03c	279.05±1.10c	202.94±0.80c
	平均	10.40±0.80A	366.17±28.11A	266.31±20.45A
灌木	日本小檗	1.48±0.18d	52.07±6.47d	37.87±4.71d
	小叶忍冬	0.16±0.03d	5.64±1.13d	4.10±0.82d
	枸子	1.07±0.10d	37.52±3.56d	27.29±2.59d
	平均	0.90±0.20B	31.74±7.19B	23.09±5.23B
草本	披针叶野决明	0.01±0.001d	0.24±0.03d	0.17±0.02d
	冰草	0.001±0.000d	0.04±0.00d	0.03±0.00d
	平均	0.01±0.00B	0.14±0.05B	0.10±0.03B

注：同列不含相同小写字母表示不同物种间差异显著（$P<0.05$）；同列不同大写字母表示不同生活型植物间差异显著（$P<0.05$）。

6.2.5　单位林地面积乔木日同化量、日固碳量和日释氧量

由表 6-7 可知，4 种林分类型乔木单位林地面积日同化量、日固碳量及日释氧量分别为 476.34～16 198.95mol/（hm²·d）、16.67～570.20kg/（hm²·d）、12.19～414.69kg/（hm²·d）；3 个指标由大到小排序均为：青海云杉林＞混交林＞油松林＞旱榆林，且青海云杉林与油松林和旱榆林有显著性差异，混交林和油松林、油松林和旱榆林之间无显著性差异。4 种林分类型乔木单位林地面积日同化量、日固碳量及日释氧量的平均值分别为 8750.41mol/（hm²·d）、308.01kg/（hm²·d）、224.01kg/（hm²·d）。

表 6-7　不同林分类型单位林地面积日同化量、日固碳量和日释氧量（陈高路等，2021b）

林分类型	种名	单位林地面积日同化量/[mol/(hm²·d)]	单位林地面积日固碳量/[kg/(hm²·d)]	单位林地面积日释氧量/[kg/(hm²·d)]
青海云杉林	青海云杉	16 198.95±1 468.64aA	570.20±51.70aA	414.69±37.60aA
混交林	山杨	3 927.59±1 108.16bc	138.25±39.01bc	100.55±28.37bc
	青海云杉	6 354.10±2 215.01b	223.66±77.97b	162.66±56.70b
	油松	476.34±278.90c	16.67±9.82c	12.19±7.14c
	总和	10 758.03±3 450.50AB	378.58±121.46AB	275.40±88.33AB
油松林	油松	5 003.72±662.25bBC	176.13±23.31bBC	128.10±16.95bBC
旱榆林	旱榆	3 040.94±299.00bcC	107.04±10.52bcC	77.85±7.65bcC
4 种林分类型平均		8 750.41±2 974.15	308.01±104.69	224.01±76.14

注：同列不含相同小写字母表示不同物种间差异显著（$P<0.05$）；同列不含相同大写字母表示不同林分类型间差异显著（$P<0.05$）。

6.3　植物固碳释氧能力及其影响因素

6.3.1　数据处理

所有数据使用 Excel 和 SPSS 24.0 软件进行整理与统计分析；利用 Origin 2018 软件，使用 Ward Method 离差平方和法，对 10 种参试植物单位叶面积、单位冠幅投影面积、单株、不同林分类型单位林地面积日固碳释氧能力进行聚类分析并作图。

6.3.2　植物固碳释氧能力聚类分析

由图 6-1 可知，从单位叶面积固碳释氧能力角度，4 种乔木可分为两级，山杨、旱榆为 1 级，固碳释氧能力较强；青海云杉、油松为 2 级，固碳释氧能力较弱。3 种灌木可分为两级，枸子为 1 级，固碳释氧能力较强；日本小檗、小叶忍冬为 2 级，固碳释氧能力较弱。3 种草本分为两级，披针叶野决明为 1 级，固碳释氧能力较强；冰草和木里薹草为 2 级，固碳释氧能力中等。

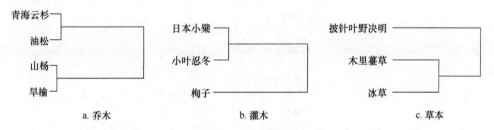

图 6-1　参试植物单位叶面积固碳释氧能力聚类分析（陈高路等，2021b）

由图 6-2 可知，从单位冠幅投影面积固碳释氧能力角度，4 种乔木可分为三级，山杨为 1 级，固碳释氧能力较强；青海云杉、旱榆为 2 级，固碳释氧能力中等；油松为 3 级，固碳释氧能力较弱。3 种灌木分为两级，枸子为 1 级，固碳释氧能力较强；日本小檗和小叶忍冬为 2 级，固碳释氧能力中等。

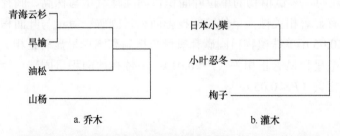

图 6-2　参试植物单位冠幅投影面积固碳释氧能力聚类分析（陈高路等，2021b）

由图 6-3 可知，从单株植物固碳释氧能力角度，4 种乔木可分为两级，青海云杉和山杨为 1 级，固碳释氧能力较强；油松和旱榆为 2 级，固碳释氧能力较弱。3 种灌木分为两级，日本小檗和枸子为 1 级，固碳释氧能力较强；小叶忍冬为 2 级，固碳释氧能力较弱。2 种草本分为两级，披针叶野决明为 1 级，固碳释氧能力较强；冰草为 2 级，固碳释氧能力较弱。

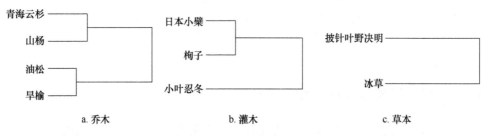

图 6-3　参试植物单株固碳释氧能力聚类分析（陈高路等，2021b）

由图 6-4 可知，从不同类型林分乔木单位林地面积固碳释氧能力角度，4 种典型林分可分为两级，青海云杉林和混交林为 1 级，固碳释氧能力较强；油松林和旱榆林为 2 级，固碳释氧能力较弱。

图 6-4　单位林地面积不同类型林分乔木固碳释氧能力聚类分析（陈高路等，2021b）

6.3.3　植物固碳释氧能力与植物形态指标相关性分析

对参试植物的日固碳释氧能力与植物形态指标进行 Pearson 相关性分析（表 6-8），结果表明，参试植物的单位叶面积日固碳释氧量与株高、胸径、冠幅面积等指标均没有显著相关性；单位冠幅投影面积日固碳释氧量与叶面积指数呈显著正相关（$P<0.05$）；单株植物日固碳释氧量与株高和胸径呈显著正相关（$P<0.05$），与叶面积指数呈极显著正相关（$P<0.01$）；单位林地面积日固碳释氧量与林分密度呈显著正相关（$P<0.05$）。

表 6-8　植物固碳释氧能力与植物形态指标 Pearson 相关性分析（陈高路等，2021b）

指标	株高	胸径	冠幅面积	叶面积指数	比叶面积	林分密度	单位叶面积日固碳释氧量	单位冠幅投影面积日固碳释氧量	单株植物日固碳释氧量	单位林地面积日固碳释氧量
株高	1.000									
胸径	0.950**	1.000								
冠幅面积	0.831*	0.885**	1.000							
叶面积指数	0.625	0.580	0.239	1.000						
比叶面积	−0.843*	−0.841*	−0.878**	−0.484	1.000					
林分密度	0.669	0.363	0.165	0.638	−0.613	1.000				
单位叶面积日固碳释氧量	−0.327	−0.105	−0.303	0.132	0.219	−0.809	1.000			
单位冠幅投影面积日固碳释氧量	0.324	0.408	0.041	0.864*	−0.195	−0.147	0.554	1.000		
单株植物日固碳释氧量	0.802*	0.840*	0.570	0.911**	−0.701	0.784	0.143	0.800*	1.000	
单位林地面积日固碳释氧量	0.541	0.200	−0.009	0.737	−0.485	0.985*	−0.699	0.005	0.816	1.000

*表示在 0.05 水平（双侧）上显著相关；**表示在 0.01 水平（双侧）上显著相关。

6.4　讨　　论

目前，研究人员对不同区域、不同植物的光合固碳释氧能力做了大量研究（张柳等，2023；古佳玮等，2023；陈高路，2021）。植物固碳释氧能力不仅和植物所处的外界环境有关，还与植物自身生理特性有很大关系。叶片是植物吸收固定物质、分配转化和碳水循环的主要器官，影响植物生长、发育等生理过程（薛雪等，2015）。单株叶干重、单株叶面积和叶面积指数是反映植物生产力大小的重要指标。叶面积指数还可反映植物叶片的疏密程度，数值越大说明单位冠幅投影面积的叶面积越大，与光照的接触面积越大（张艳丽等，2013）。本研究中单株叶干重、单株叶面积和叶面积指数 3 个指标均以青海云杉最高，说明青海云杉相比其他参试植物具有较高的生产力和光能利用率。比叶面积可反映植物截获光的能力和对强光的适应能力，往往与植物对不同生境的适应特征有紧密的联系（齐威等，2012）。本研究中，木里薹草的比叶面积最大，且草本＞灌木＞乔木，这可能是因为草本往往生长在林下或林缘等遮阴环境中，不需要应对强光、强风等苛刻的自然环境，但是也因为遮阴而使草本可获得的光资源减少，使发育薄且表面积大的叶片获取光的能力增强，这与齐威等（2012）研究的青藏高原 4 种植物遮阴越大比叶面积越大的规律一致。胡耀升等（2015）研究表明，在郁闭林内进行的自然更新，落叶植物的比叶面积往往高于常绿植物，这是因为常绿植物降低了单位叶面积呼吸碳损失，它们通过延长叶片寿命增加光合碳收获，从而达到正碳平衡。本研究中山杨和旱榆比叶面积大于青海云杉和油松，这与胡耀升等（2025）的研究结果一致。本研究中，日均净光合速率最大的是披针叶野决明；最小的是木里薹草。从不同生活型来看，日均净光合速率表现为乔木＞草本＞灌木，与冯晶红等（2020）对三峡库区植物日均净光合速率的研究结果（草本＞灌木＞乔木）略有不同，可能是因为选择的植物和植物所处的生境不同造成的。

固碳释氧能力即植物同化 CO_2 释放 O_2 的能力（冯晶红等，2020）。单位叶面积日固碳释氧量虽与株高、胸径等指标没有显著相关性，但是单位叶面积日固碳释氧量是由植物叶片净光合速率日变化计算而来，其大小与日均净光合速率有直接关系，所以参试植物单位叶面积固碳释氧量与日均净光合速率变化趋势一致，均为披针叶野决明最高，木里薹草最低，且乔木、灌木、草本植物之间没有显著性差异。单位冠幅投影面积日固碳释氧量与叶面积指数呈显著正相关。本研究中，虽然乔木、灌木、草本植物平均日固碳释氧量无显著性差异，但是乔木的叶面积指数却远高于灌木，所以乔木单位冠幅投影面积日固碳释氧量要高于灌木，这与刘雪莲等（2016）对昆明市绿化植物固碳释氧能力的研究结果一致。单株植物日固碳释氧量体现了植物个体固碳释氧能力的综合水平，与株高、胸径、叶面积指数呈显著/极显著正相关。本研究中青海云杉的株高、胸径和叶面积指数均处于较高水平，所以其单株植物固碳释氧能力大于其他植物。

单位林地面积不同林分类型中，乔木日固碳释氧量能更好地从大尺度范围比较林地的固碳释氧能力。单位林地面积日固碳释氧量与林分密度呈显著正相关。本研究中，单位林地面积日固碳释氧量由大到小顺序为青海云杉林＞混交林＞油松林＞旱榆林，在贺兰山呈现随海拔的上升固碳释氧能力上升的规律。综合考虑植物胸径、株高、冠幅投影面积等指标的相互关系，发现胸径大的植物通常较高且冠幅投影面积较大，叶面积指数也较大，植物的固碳释氧能力较强。

综上所述，不同植物不同尺度固碳释氧能力各不相同。虽然青海云杉单位叶面积日固碳释氧量较低，但青海云杉具有较高的单株叶面积和叶面积指数，所以在单位冠幅投影面积、单株植物、单位林地面积 3 个不同尺度上均有较高的固碳释氧能力。今后贺兰山在生态修复的过程中可以重点考虑青海云杉和山杨，再将小叶忍冬和披针叶野决明等固碳释氧能力较强的灌木和草本与乔木进行合理配置，可更大程度上提高生态修复措施的生态效益。

第 7 章　不同凋落物处理对典型林分土壤呼吸速率的影响及影响因素分析

7.1　不同凋落物处理对青海云杉林土壤呼吸速率的影响

近年来，随着全球化石燃料和能源的大量消耗，森林覆盖面积的逐渐减少，作为温室气体之一的 CO_2 的浓度快速上升，导致全球气候变暖。CO_2 浓度的升高对全球气候变暖的贡献率高达 60%，成为学者研究的重点（张超等，2013）。土壤呼吸是土壤与全球大气之间 CO_2 的直接流通和运动的路径，对于调节和维持全球碳平衡有着重要的意义和作用（魏书精等，2014）。森林是陆地生态系统的主体，是最大的碳储备库（薛立等，2012），森林的土壤呼吸对全球碳平衡的影响是至关重要的。

凋落物也可以称枯落物或有机碎屑，是改善和维持土壤生态系统功能的各种有机物的总称（李宜浓等，2016）。凋落物不仅是连通地上部分和地下部分的重要物质，也是土壤碳库的主要来源（吕富成和王小丹，2017）。凋落物通过微生物的分解作用，直接为土壤呼吸贡献 CO_2（高强等，2015）。目前，国内关于改变凋落物输入对土壤呼吸影响的研究较多（Wu et al.，2014；Wang et al.，2016），但少有涉及青海云杉林林内与林窗的土壤呼吸的研究。本研究以宁夏贺兰山国家级自然保护区的青海云杉林为研究对象，在青海云杉林中设置不同的凋落物处理，研究青海云杉林土壤呼吸的日变化及月动态变化规律，并通过对土壤呼吸不同测定方法的比较，以期为准确地评估该地区青海云杉林生态系统的碳通量提供参考依据，并检验测定方法的准确性。

7.1.1　材料与方法

7.1.1.1　研究区概况

宁夏贺兰山国家级自然保护区位于宁夏银川平原和阿拉善高原之间，气候类型属于温带大陆性气候，日照充足，无霜期为 60～70d，年平均气温–0.8℃，年平均降水量 420mm，年平均蒸发量 2000mm，且降水主要集中在 6～8 月，占全年降水量的 60%～80%（季波等，2015；朱源等，2008）。本研究选择位于海拔 2438m

处的青海云杉林（38°46′35.61″N，105°54′13.57″E），林下植被主要有小叶忍冬、三穗薹草、置疑小檗（*Berberis dubia*）和小叶鼠李（*Rhamnus parvifolia*）等。

7.1.1.2 样地布设

在贺兰山青海云杉林林内和林窗分别随机选择典型的区域布设 20m×20m 的样方。在样方内依次布设 6 个 1m×1m 的小样方，在每个小样方内设置去除凋落物处理组（去除组）、对照凋落物处理组（对照组）和加倍凋落物处理组（加倍组）。将去除组中的凋落物均匀添加在加倍组中，在之后的观察月依旧将在去除组收集的凋落物均匀地撒在加倍组中。在实验测定前 1 个月将圆形 PVC 环埋入土壤中，定期清除绿色植物，以消除植被呼吸的影响。

7.1.1.3 土壤呼吸的测定

本研究同时采用便携式土壤 CO_2/H_2O 通量测定系统（EGM-4 法）及碱液吸收法对观测时间内的土壤呼吸速率进行测定。

土壤呼吸环是由外径 20cm、高 6cm 的 PVC 环制成，在小样方内设定一个内径为 20cm 的圆形土壤测定点，将 PVC 环插入，地表露出 3cm，用于土壤呼吸的测定。2019 年 7~9 月，在晴朗天气每两小时进行一次测定。测定前，将环内干扰实验的绿色植物清除掉，在整个观测期内保持土壤呼吸环的位置不变，以有效地保持观测期内实验结果的准确性。

碱液吸收法的具体测定方法：在圆心处放置事先准备好的 100ml 的烧杯，里面装入 20ml 的氢氧化钠溶液（1.0mol/L），用一个内径 20cm、高 24cm 的圆形 PVC 桶牢牢地扣在呼吸环上。为确保无外界空气的干扰，迅速将圆环压入土壤中 2cm 深。2h 后，将放置在圆环内的烧杯封口带回实验室进行分析，用 0.1mol/L 的标准盐酸滴定碱液，可以得到单位时间内的 CO_2 的浓度，也就是土壤呼吸速率。

7.1.1.4 数据处理

用 Excel 进行数据处理，并利用 Origin 2018 软件作图；采用 SPSS 24.0 软件对已处理过的数据进行统计分析，检验 EGM-4 法的检测结果与碱液吸收法的测定结果的相关性。利用单因素方差分析和最小显著性差异法对青海云杉林不同凋落物处理的土壤呼吸速率进行显著性检验。

7.1.2 林内与林窗土壤呼吸速率的日变化

2019 年生长季土壤呼吸日变化在时间尺度上具有显著的差异（$P<0.05$）。图 7-1 显示，8 月和 9 月林窗与林内的土壤呼吸速率变化复杂，林窗土壤呼吸速率明

显高于林内。8 月和 9 月林窗土壤呼吸速率变化曲线均为单峰曲线，但最大值出现的时间不同，分别是 14：00 和 10：00。8 月和 9 月林内土壤呼吸速率变化无明显趋势，8 月林内土壤呼吸速率在 10：00 时最小，而 9 月在 12：00 时最小。

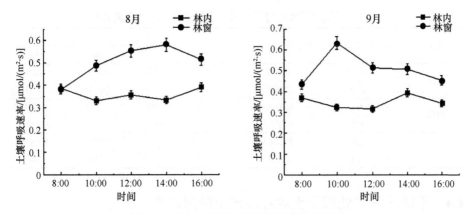

图 7-1　林内与林窗土壤呼吸速率的日动态

7.1.3　不同凋落物处理下土壤呼吸速率的日动态

以 2019 年 8 月的土壤呼吸观测数据为基础,不同处理组的土壤呼吸速率日动态变化如图 7-2 所示。林内的土壤呼吸速率最小值均出现在 14：00，对照组的土壤呼吸速率整体上呈下降趋势。林窗对照组和加倍组的土壤呼吸速率曲线呈单峰曲线。林窗对照组、去除组和加倍组的土壤呼吸速率达到最大值的时间不同，分别出现在 14：00、10：00 和 12：00，且最大值表现为对照组＞去除组＞加倍组。林内对照组和加倍组土壤呼吸速率的变化趋势相似，从 8：00 开始到 14：00 的曲线整体趋势是下降的，在 14：00 以后土壤呼吸速率增加；林窗对照组、去除组和加倍组土壤呼吸速率整体呈先升后降的趋势。

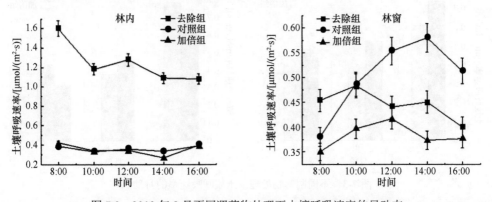

图 7-2　2019 年 8 月不同凋落物处理下土壤呼吸速率的日动态

方差分析（表7-1）显示，去除组和对照组土壤呼吸速率的均值差值差异显著；去除组和加倍组土壤呼吸速率的均值差值差异不显著；对照组和加倍组土壤呼吸速率的均值差值差异不显著。

表 7-1　不同凋落物处理下土壤呼吸速率日动态的方差分析

凋落物处理（I）	凋落物处理（J）	均值差值（I–J）	标准误	P值	95%置信区间	
					下限	上限
去除	对照	−0.079 7	0.030 17	0.009	−0.139 2	−0.020 1
	加倍	−0.024 3	0.030 17	0.421	−0.083 9	0.035 2
对照	去除	0.079 7	0.030 17	0.009	0.020 1	0.139 2
	加倍	0.055 3	0.030 17	0.068	−0.004 2	0.114 9
加倍	去除	0.024 3	0.030 17	0.421	−0.035 2	0.083 9
	对照	−0.055 3	0.030 17	0.068	−0.114 9	0.004 2

7.1.4　不同凋落物处理下土壤呼吸速率的月动态

从7月、8月、9月的土壤呼吸速率来看，青海云杉林的去除组、加倍组和对照组（林窗除外）土壤呼吸速率表现为逐月下降的趋势（图7-3）。青海云杉林凋落物处理土壤呼吸速率均表现为7月最大。去除组、对照组、加倍组林内变化范围分别为0.45～0.75μmol/(m²·s)、0.37～0.61μmol/(m²·s)、0.41～0.54μmol/(m²·s)，3个月平均土壤呼吸速率分别为0.58μmol/(m²·s)、0.46μmol/(m²·s)、0.46μmol/(m²·s)。总体上，3个处理组土壤呼吸速率为去除组＞对照组≈加倍组。去除组、对照组、加倍组林窗变化范围分别为0.32～0.67μmol/(m²·s)、0.38～0.78μmol/(m²·s)、0.31～0.78μmol/(m²·s)，3个月平均土壤呼吸速率分别为0.48μmol/(m²·s)、0.53μmol/(m²·s)、0.48μmol/(m²·s)，总体上为对照组＞去除组≈加倍组。

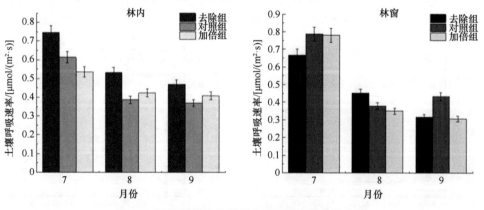

图 7-3　不同凋落物处理下土壤呼吸速率的月动态

对 7 月、8 月和 9 月的土壤呼吸速率进行方差分析，结果见表 7-2。分析结果表明，去除组、对照组和加倍组土壤呼吸速率之间均无显著差异（$P>0.05$）。

表 7-2　不同凋落物处理下土壤呼吸速率月动态的方差分析

月份	凋落物处理（I）	凋落物处理（J）	均值差值（I–J）	标准误	P 值	95%置信区间	
						下限	上限
7	去除	对照	0.006 7	0.133 97	0.961	−0.285 2	0.298 6
		加倍	0.048 3	0.133 97	0.725	−0.243 6	0.340 2
	对照	去除	−0.006 7	0.133 97	0.961	−0.298 6	0.285 2
		加倍	0.041 7	0.133 97	0.761	−0.250 2	0.333 6
	加倍	去除	−0.048 3	0.133 97	0.725	−0.340 2	0.243 6
		对照	−0.041 7	0.133 97	0.761	−0.333 6	0.250 2
8	去除	对照	−0.008 3	0.075 24	0.914	0.172 3	0.155 6
		加倍	0.035 0	0.075 24	0.650	−0.128 9	0.198 9
	对照	去除	0.008 3	0.075 24	0.914	−0.155 6	0.172 3
		加倍	0.043 3	0.075 24	0.575	−0.120 6	0.207 3
	加倍	去除	−0.035 0	0.075 24	0.650	−0.198 9	0.128 9
		对照	−0.043 3	0.075 24	0.575	−0.207 3	0.120 6
9	去除	对照	0.110 0	0.091 02	0.250	−0.088 3	0.308 3
		加倍	0.106 7	0.091 02	0.264	−0.091 7	0.305 0
	对照	去除	−0.110 0	0.091 02	0.250	−0.308 3	0.088 3
		加倍	−0.003 3	0.091 02	0.971	−0.201 7	0.195 0
	加倍	去除	−0.106 7	0.091 02	0.264	−0.305 0	0.091 7
		对照	0.003 3	0.091 02	0.971	−0.195 0	0.201 7

7.1.5　EGM-4 法和碱液吸收法测定土壤呼吸速率的比较

EGM-4 法和碱液吸收法所测定的不同凋落物处理土壤呼吸速率的比较如图 7-4 所示，碱液吸收法测定的土壤呼吸速率小于 EGM-4 法的测定结果。用 EGM-4 法和碱液吸收法测定 3 组土壤呼吸速率的平均值分别为 0.50μmol/（$m^2 \cdot s$）和 0.039μmol/（$m^2 \cdot s$）。结果相差较大。另外，通过对 EGM-4 法与碱液吸收法的变化系数的计算得出二者的变异系数一致，其中 EGM-4 法大约是碱液吸收法的 10 倍。EGM-4 法测定的不同凋落物处理土壤呼吸速率的月动态表现为逐月下降的规律，碱液吸收法测定的结果为 8 月＞7 月＞9 月。从图 7-4 可以看出，采用 EGM-4 法测得的实验结果比采用碱液吸收法测得的结果误差大，7 月和 9 月碱液吸收法测定的结果误差小。为研究 EGM-4 法测定下的不同凋落物的土壤呼吸速率与碱液吸收法测定下的不同凋落物的土壤呼吸速率的相关关系，采用 SPSS 24.0 软件进行相关性分析，EGM-4 法和碱液吸收法的回归曲线呈现二次多项式关系。

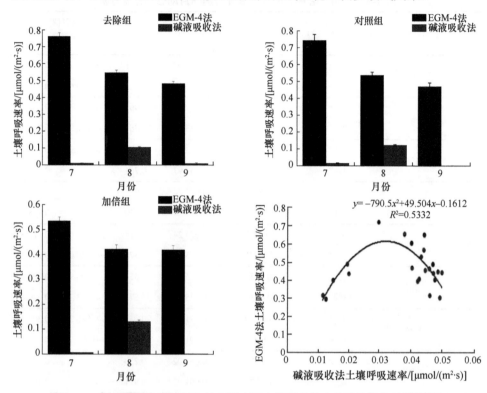

图 7-4　EGM-4 法与碱液吸收法所测定的土壤呼吸速率的比较及相关性分析

7.1.6　讨论

7.1.6.1　林内与林窗土壤呼吸速率的月动态变化规律

在不同凋落物处理条件下林内与林窗的土壤呼吸速率在时间尺度上变化复杂。在森林生态系统中，通过对林内和林窗不同凋落物处理土壤呼吸速率的时间动态分析，凋落物处理对土壤呼吸存在一定的影响，去除组、对照组和加倍组土壤呼吸速率的均值差值差异不显著，可能是在生长季环境内的温度较高，凋落物分解迅速，利用率高，虽然林内与林窗的温度、湿度、光照强度等环境因子存在差异，但林内和林窗的土壤呼吸速率的均值差值差异不显著。定量研究林内与林窗的土壤呼吸变化有利于科学、精确地测量和分析森林生态系统的碳储量，减少实验误差。

7.1.6.2 不同凋落物处理下土壤呼吸速率的变化规律

对照组、去除组和加倍组林窗土壤呼吸速率日动态变化整体呈先上升后下降的趋势，可能主要是土壤的温湿度变化的影响。温度和湿度是影响土壤呼吸速率变化的主要控制因素（栾军伟等，2006），升温能够促进微生物生长，提高微生物活性，进一步加剧枯落物的分解速率，从而提高土壤呼吸速率（张博等，2013）。林内对照组、去除组和加倍组土壤呼吸速率的最小值出现在同一时间，说明林内的日变化具有稳定性（毛国平等，2018）。林窗去除组、对照组和加倍组土壤呼吸速率日间最大值出现的时间点不同。去除组的土壤呼吸速率在 10:00 达到最大值，而对照组和加倍组分别滞后 4h 和 2h，这可能是因为凋落物的输入阻碍了温度对土壤的直接作用（Soudzilovskaia et al.，2013）。

分析不同月份凋落物处理对青海云杉林土壤呼吸速率的影响发现，林内和林窗（林窗对照组除外）土壤呼吸速率有逐月下降的趋势。不同处理的土壤呼吸速率规律不同。吴雅琼等（2007）进行了温度与有无凋落物覆盖的相关关系研究，得出凋落物去除后的土壤 CO_2 释放量与地表的相关度最高，凋落物覆盖的土壤 CO_2 释放量与地下 5cm 的温度有关。本研究的结果与吴雅琼等（2007）的结果不一致，这可能是因为 7~9 月的环境温度较高，既影响了土壤中微生物的活动，又影响了根系呼吸和凋落物的分解。由 7~9 月的方差分析可以明显看出，3 个处理组间无显著差异，此结果与解欢欢等（2017）的研究结果相似。这可能与凋落物生物量和凋落物组成有关。凋落物分解释放的物质可供土壤微生物、土壤动物及植物根系利用，从而改变土壤的呼吸速率（陈灿等，2017）。

7.1.6.3 EGM-4 法和碱液吸收法的比较

碱液吸收法是测定土壤呼吸速率最早的方法之一，至今依旧被沿用，可多样点重复用于空间变化较大的区域，属于传统测定方法之一。虽然碱液吸收法简单、方便，但由于它不能进行短时间内连续测定，且在土壤呼吸速率较低时测定的结果偏小（王光军等，2009；李玉强等，2008；陈宝玉等，2009），影响研究的准确性。因此，现在使用最多、最为理想的测定方法是动态气室法。EGM-4 法是动态气室法的一种。本研究表明，碱液吸收法测定的结果与 EGM-4 法无显著性的相关关系，但变异系数一样。这可能是因为二者的测定地点一致，没有环境因素的影响，土壤呼吸速率没有发生变化。此外，用碱液吸收法测定的土壤呼吸速率出现负值，可能是土壤中的好气性细菌数量多、活动频繁，导致 CO_2 的排放量低，或者是因为凋落物层厚减慢了 CO_2 的排放。根据两种方法的比较，碱液吸收法实验数据的误差较小甚至近乎无的情况可能是因为测得结果太小，故无法显示出显著差异。

7.2　不同凋落物处理对油松林土壤呼吸速率的影响

土壤呼吸严格来说指的是未受扰动的土壤中产生并且释放代谢产物（包括 CO_2）的所有代谢过程。根据土壤呼吸释放模式，土壤呼吸可分为自养型和异养型，其中，自养型指的是根系呼吸和根际微生物呼吸；异养型指的是微生物和动物呼吸。凋落物作为土壤中异养呼吸的主要底物之一，主要作用于微生物和土壤动物的分解以及微生物群落的自身合成。土壤呼吸往往是鉴定土壤肥力和土壤生物活性的重要指标，有助于评价森林生态系统中土壤碳库对全球碳循环的作用，有助于深入了解土壤呼吸及其影响因素。国外从 19 世纪开始研究土壤呼吸，欧美地区的研究主要集中在农业耕作土壤方面，且偏向于气候、森林、农业等方面的应用。

大规模的土壤呼吸速率影响因素的研究是从 20 世纪 70 年代开始的。90 年代以来，以森林土壤呼吸为主体的土壤呼吸受重视程度日渐提升。目前，森林土壤呼吸研究主要聚焦于土壤呼吸速率对气候变化、植被类型及土壤养分循环的响应。

本研究以贺兰山地区典型油松林为研究对象，测定了贺兰山地区典型油松林土壤呼吸速率，以期为该地区森林的研究提供地域性的研究资料，增进对该地区典型森林土壤呼吸强度和模式的理解，为该地区森林碳排放提供理论依据。

7.2.1　材料与方法

7.2.1.1　研究区概况

贺兰山地处宁夏与内蒙古交界处，是坐落在银川平原的第一道天然屏障。贺兰山南北长 220km，东西宽 20～40km，主峰高达 3556.15m，重峦叠嶂，山势陡峭，是我国河流内外流区的分水岭及季风气候和非季风气候的分界线。气候类型为温带大陆性气候。贺兰山植被垂直变化明显，随海拔的升高，植被类型依次为荒漠草原、山地疏林草原、针阔混交林、温性针叶林、寒性针叶林和高山草甸。分布于海拔 2000～3100m 的油松纯林带郁闭度较大，长势良好，是重要的林带之一，极具研究价值。本次研究地点选在海拔 2000～2400m 的油松林区。

7.2.1.2　研究方法

森林土壤呼吸包括矿质土壤呼吸、根系呼吸、枯枝落叶呼吸等。但是因为测定方法的原因，准确性受到一定限制，纯根系呼吸与根系的土壤微生物呼吸难以严格的区分，因此一般测量默认将根系的微生物呼吸算作根系呼吸当中的一部分。

在贺兰山油松林区选择典型区域随机布设 3 块 20m×20m 的样方,并且以草地作为对照。每块样地内随机布设 6 个 1m×1m 的小样方,在每个小样方内设置去除凋落物处理组(去除组)、对照凋落物处理组(对照组)和加倍凋落物处理组(加倍组)3 种处理。将去除组清除的凋落物均匀撒在加倍组内。实验测定 1 个月前将圆形 PVC 桶埋入土壤中,定期清除绿色植物,以消除植被呼吸的影响。

用静态碱吸收法测定土壤每天 CO_2 释放量,分别在 7 月、8 月、9 月的下旬连续测定 3d。其中一次对 24h 内的土壤 CO_2 释放量进行测定。每次测定选择在晴天进行,白天每隔 2h、夜晚每隔 3h 测定一次,每个点位上测定 3min。测定时间具体为:9:00～17:00 每隔 2h 测定一次,17:00～7:00 每 3h 测定一次,共计 10 次。将 9:00 测定的呼吸值作为季节变化测定的呼吸值。

在样地内选定直径为 20cm 的圆形测定点,插入外径 20cm、高 6cm 的 PVC 环且露出地表 3cm,整齐地剪掉圆内的绿色植物,再在圆心上固定一个小型的、高约 2cm 的三脚架,其上放置倒入 20ml 的 1.0mol/L 的 NaOH 溶液的烧杯,然后迅速将 PVC 桶(内径 20cm,高 24cm)扣在选定的样圆上,桶下缘压入土中约 2cm,保证桶与外界无气体交换,以防大气中 CO_2 对实验数据的干扰。放置 2h 后,迅速将烧杯封膜,并带回实验室测定。用 0.1mol/L 的 HCl 溶液滴定,可以计算得到该时间内土壤呼吸速率的值。在土壤呼吸速率高的情况下,测定结果往往比真实值偏低,而在土壤呼吸速率低的情况下,测定结果反而相反。

采用 EGM-4 法对土壤呼吸速率进行测定。本研究于 2019 年 7～9 月,每个月选择晴天,在 8:00～18:00 每 2h 测定 1 次各处理的土壤呼吸速率,连续测定 3d。由于测量需要保持准确性,所以测定之前在不变动 PVC 环的情况下,将环内的绿色植物逐一清除,使整个观测期内固定好的土壤环位置不发生变化,以降低外界对实验结果的影响。

7.2.1.3　数据处理

采用 Excel 进行制图;利用 SPSS 24.0 软件进行单因素方差分析;采用最小显著差异法进行多重比较,显著性水平设定为 $\alpha=0.05$。

7.2.2　林内与林窗的土壤呼吸日动态变化

林内与林窗土壤呼吸速率日动态的变化如图 7-5 所示。9 月林窗土壤呼吸速率明显高于林内,林窗和林内土壤呼吸速率均在 8:00 达到最大值,之后呈现下降趋势,16:00 时林窗土壤呼吸速率最小,12:00 时林内土壤呼吸速率最小;8 月林内土壤呼吸速率明显高于林窗,林窗和林内土壤呼吸速率变化复杂,林内土壤呼吸速率在 12:00 达到最大值,而林窗在 18:00 达到最大值,林内和林窗均在

14：00 时达到最小值。

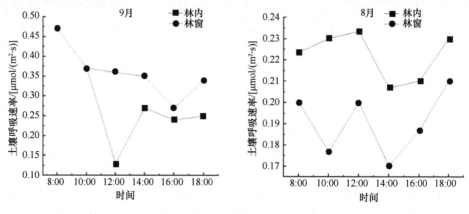

图 7-5 林内与林窗土壤呼吸速率日动态的变化

7.2.3 不同凋落物处理下土壤呼吸速率的月动态变化

从 3 个处理组 7 月、8 月、9 月的土壤呼吸速率来看，油松林凋落物去除组、对照组和加倍组土壤呼吸速率均表现为"V"形趋势，如图 7-6 所示。油松林 3 个处理组的土壤呼吸速率均在 7 月最大，8 月最小。去除组、对照组、加倍组的总呼吸速率变化范围分别为 0.18～0.82μmol/（m²·s）、0.23～0.63μmol/（m²·s）、0.18～0.87μmol/（m²·s），异养呼吸速率的变化范围为 0.18～0.58μmol/（m²·s）、0.17～0.45μmol/（m²·s）、0.23～0.50μmol/（m²·s）。7 月、8 月、9 月总的平均土壤呼吸速率分别为 0.77μmol/（m²·s）、0.20μmol/（m²·s）、0.36μmol/（m²·s）；平均土壤异养呼吸速率分别为 0.50μmol/（m²·s）、0.19μmol/（m²·s）、0.31μmol/（m²·s）。

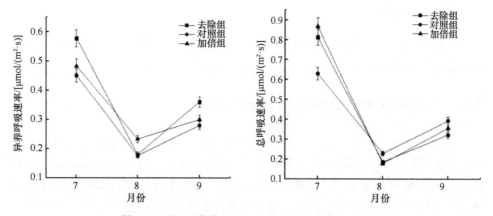

图 7-6 不同凋落物处理下土壤呼吸速率的月动态

7.2.4　讨论

7.2.4.1　林内与林窗土壤呼吸速率在时间尺度上的变化规律

不同凋落物处理下林内和林窗土壤呼吸速率从时间尺度总体来看变化复杂，曲线表现的不规律性可能是外界因素变化引起的。对森林生态系统林窗和林内不同凋落物处理下土壤呼吸的月动态变化分析显示，不同凋落物处理对土壤呼吸速率的影响存在差异。这可能是生长季环境温度高、水分较大、凋落物分解速率较快引起的。此外，由于林窗和林内的温度、湿度、光照强度等一些环境因子的不同，土壤呼吸速率也会受到一定的影响（陈灿等，2017）。

7.2.4.2　不同凋落物处理下土壤呼吸速率的变化规律

凋落物作为土壤呼吸中底物的主要组成部分之一，会影响土壤呼吸速率。王丽丽等（2009）研究表明，去除凋落物分别显著降低了壳菜果和杉木人工林 29.80%和 6.10% 的土壤呼吸速率。去除凋落物一方面减少了有机碳的输入；另一方面也去除了生活在凋落物上的微生物，可能改变了土壤微生物的群落结构，进而降低了土壤呼吸速率。我们的研究结果与王丽丽等（2009）的研究结果不一致，有可能是因为研究区气候不同所致，贺兰山 7 月气温较高、降水量大，地表土壤的湿度和温度过高或凋落物覆盖量过多使得土壤呼吸速率最大。

7.3　不同凋落物处理对松杨混交林土壤呼吸速率的影响

土壤呼吸是指没有被人为或自然扰动的土壤，通过各组分的呼吸产生 CO_2 的所有代谢过程，主要包括土壤微生物呼吸、土壤动物呼吸、植被根呼吸（李学斌等，2012）。有研究表明，地表植被及其凋落物对土壤呼吸的影响是非常重要的。它们通过对土壤中有机碎屑的数量、土壤微环境、土壤结构等的影响使土壤呼吸速率受到影响。

凋落物是连接植被与土壤的重要纽带，是土壤碳的主要输入源头（吕富成和王小丹，2017）。凋落物对土壤呼吸的直接贡献在于微生物分解产生 CO_2 储备在土壤中（高强等，2015）。凋落物也称枯落物或有机碎屑，是维持生态系统功能的有机物的总称（李宜浓等，2016）。

本研究以宁夏银川贺兰山国家级自然保护区的松杨混交林为研究对象，通过自然凋落物、去除凋落物和加倍凋落物 3 种处理，探讨了不同凋落物处理对土壤呼吸造成的影响，测定了不同凋落物处理下土壤的呼吸速率，分析了松杨混交林土壤呼吸速率日动态及月动态的变化规律。土壤呼吸是土壤碳循环的重要组成部分，研究森林土壤呼吸的变化对探究森林土壤碳循环过程具有重要意义。

7.3.1 材料与方法

7.3.1.1 研究区概况

本研究样地位于贺兰山国家级自然保护区，地处内蒙古与宁夏交界处。样地设置在松杨混交林（38°44′18″N，105°54′43″E），海拔 2249m，气候类型为温带大陆性气候。贺兰山地势高峻，具有独特的山地气候特征，冬季盛行西北风，夏季多雷雨天气。贺兰山是我国 400mm 等降水量线的分布地带，也是季风区与非季风区的界线，年平均降水量为 420mm，最大时可达 627.50mm，降水主要集中在 6～8 月，年平均蒸发量 2000mm（李娜等，2016），全年气温变化不大，气候多变（季波等，2014b）。林下植被主要有小叶忍冬、三穗薹草、置疑小檗、小叶鼠李等。

7.3.1.2 实验设计

本研究以贺兰山松杨混交林为研究对象，分别在林窗和林内选择一块20m×20m的样地，并在样地内沿对角线设置 6 个 5m×5m 的样方（每个对角线上 3 个）。在5m×5m 的样方中分别设置去除凋落物处理组（去除组）、对照凋落物处理组（对照组）和加倍凋落物处理组（加倍组）3 个处理组，实验共 18 个处理组。在测定前 1个月将圆形 PVC 环（外径 20cm、高 6cm）埋入土壤中，用于测定土壤呼吸速率。实验共设置了 18 个土壤呼吸环。土壤呼吸环布设完成后将去除组中去掉的枯落物均匀撒在加倍组地上，同时剪去环中植物的地上部分，以消除植被呼吸对实验的干扰。

7.3.1.3 土壤呼吸速率的测定

本研究采用 EGM-4 法测定土壤呼吸速率。测定之前检查仪器的情况，保证仪器在测定时能正常使用。测定时先使仪器预热，随后进行土壤呼吸速率的测定。研究时间为 2019 年 7～9 月。不同的降水强度会引起土壤湿度的变化，从而导致土壤呼吸速率的变化，导致测量值变化（向业凤，2014；刘尉，2016），所以本研究选择晴朗的天气进行土壤呼吸速率的测定，在 8：00～18：00 每隔 2h 测定一次。测定前将环内的绿色植物清除掉的前提是不挪动 PVC 环，保持呼吸环在数据测定的整个时期内位置不发生改变，以保证测定值的准确性。

7.3.1.4 数据处理

采用 Excel 处理数据并进行制图；用 SPSS 24.0 软件对处理好的数据进行统计分

析；用单因素方差分析和最小显著性差异法进行显著性检验，显著性水平为 $\alpha=0.05$。

7.3.2　不同凋落物处理下土壤呼吸速率的月动态变化

由图 7-7 可知，不同凋落物处理下林内和林窗土壤呼吸速率均表现为 7 月＞9 月＞8 月。其中，林窗土壤呼吸速率表现为加倍组＞对照组＞去除组，说明在去除凋落物之后土壤呼吸速率明显降低，凋落物加倍处理使得土壤呼吸速率增加。7 月、8 月、9 月林窗土壤呼吸速率的月均值分别为 0.862μmol/（m²·s）、0.338μmol/（m²·s）、0.457μmol/（m²·s）；林内土壤呼吸速率表现为去除组最大，说明凋落物去除后土壤呼吸速率增加了，而凋落物加倍会使土壤呼吸速率有所下降。7 月、8 月、9 月林内土壤呼吸速率的月均值为 0.810μmol/（m²·s）、0.293μmol/（m²·s）、0.417μmol/（m²·s）。林内和林窗在 3 种处理下土壤呼吸速率月动态的值在 0.2μmol/（m²·s）与 1.0μmol/（m²·s）之间。

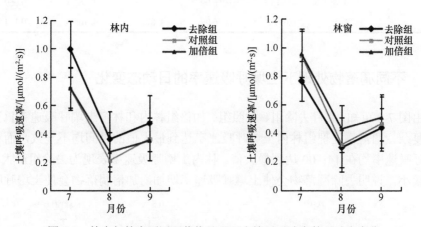

图 7-7　林内与林窗不同凋落物处理下土壤呼吸速率的月动态变化

方差分析表明，去除组、对照组和加倍组土壤呼吸速率间差异均不显著（表 7-3）。

表 7-3　不同凋落物处理下土壤呼吸速率月动态的方差分析

月份	凋落物处理（I）	凋落物处理（J）	均值差值（$I-J$）	标准误	P 值	95%置信区间 下限	上限
7	去除	对照	0.071 7	0.139 64	0.612	−0.216 5	0.359 9
		加倍	0.081 7	0.139 64	0.564	−0.206 5	0.369 9
	对照	去除	−0.071 7	0.139 64	0.612	−0.359 9	0.216 5
		加倍	0.010 0	0.139 64	0.944	−0.278 2	0.298 2
	加倍	去除	−0.081 7	0.139 64	0.564	−0.369 9	0.206 5
		对照	−0.010 0	0.139 64	0.944	−0.298 2	0.278 2

月份	凋落物处理（I）	凋落物处理（J）	均值差值（I–J）	标准误	P 值	95%置信区间	
						下限	上限
8	去除	对照	0.060 8	0.042 33	0.164	−0.026 5	0.148 2
		加倍	0.018 3	0.042 33	0.669	−0.069 0	0.105 7
	对照	去除	−0.060 8	0.042 33	0.164	−0.148 2	0.026 5
		加倍	−0.042 5	0.042 33	0.325	−0.129 9	0.044 9
	加倍	去除	−0.018 3	0.042 33	0.669	−0.105 7	0.069 0
		对照	0.042 5	0.042 33	0.325	−0.044 9	0.129 9
9	去除	对照	0.055 8	0.056 09	0.329	−0.059 9	0.171 6
		加倍	0.046 7	0.056 09	0.414	−0.069 1	0.162 4
	对照	去除	−0.055 8	0.056 09	0.329	−0.171 6	0.059 9
		加倍	−0.009 2	0.056 09	0.872	−0.124 9	0.106 6
	加倍	去除	−0.046 7	0.056 09	0.414	−0.162 4	0.069 1
		对照	0.009 2	0.056 09	0.872	−0.106 6	0.124 9

7.3.3　不同凋落物处理下土壤呼吸速率的日动态变化

由图 7-8 可知，8 月去除组、对照组、加倍组林内和林窗土壤呼吸速率日变化规律复杂，凋落物处理组林内土壤呼吸速率达到最大值的时间均不一致，而林窗土壤呼吸速率均在 14：00 达到最大值。林内土壤呼吸速率表现为去除组最大，加倍组较小，说明去除凋落物会使土壤呼吸速率增加，加倍凋落物会使土壤呼吸速

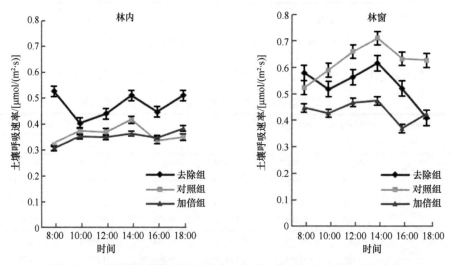

图 7-8　8 月不同凋落物处理下林内和林窗土壤呼吸速率的日动态变化

率降低，3 个处理组土壤呼吸速率均在 $0.3\mu mol/$（$m^2 \cdot s$）与 $0.6\mu mol/$（$m^2 \cdot s$）之间。林窗土壤呼吸速率在 10：00～16：00 基本表现为加倍组＜去除组＜对照组，说明不论是去除和加倍凋落物都使土壤呼吸速率降低，3 个处理组土壤呼吸速率均在 $0.3\mu mol/$（$m^2 \cdot s$）与 $0.8\mu mol/$（$m^2 \cdot s$）之间。由此可知，凋落物对于土壤呼吸速率是有调节作用的。

方差分析表明，8 月去除组与对照组、加倍组与对照组土壤呼吸速率的均值差值差异显著/极显著；9 月去除组、对照组和加倍组土壤呼吸速率的均值差值均差异不显著（表 7-4）。

表 7-4　不同凋落物处理下土壤呼吸速率日动态的方差分析

月份	凋落物处理 (I)	凋落物处理 (J)	均值差值 (I−J)	标准误	P 值	95%置信区间 下限	上限
8	去除	对照	0.059 9	0.017 70	0.001	0.025 0	0.094 8
		加倍	0.018 3	0.017 70	0.302	−0.016 6	0.053 2
	对照	去除	−0.059 9	0.017 70	0.001	−0.094 8	−0.025 0
		加倍	−0.041 5	0.017 70	0.020	−0.076 4	−0.006 6
	加倍	去除	−0.018 3	0.017 70	0.302	−0.053 2	0.016 6
		对照	0.041 5	0.017 70	0.020	0.006 6	0.076 4
9	去除	对照	0.054 0	0.358 71	0.880	−0.653 2	0.761 3
		加倍	−0.395 7	0.358 71	0.271	−1.102 9	0.311 6
	对照	去除	−0.054 0	0.358 71	0.880	−0.761 3	0.653 2
		加倍	−0.449 7	0.358 71	0.211	−1.157 0	0.257 5
	加倍	去除	0.395 7	0.358 71	0.271	−0.311 6	1.102 9
		对照	0.449 7	0.358 71	0.211	−0.257 5	1.157 0

7.3.4　林内与林窗对照组土壤呼吸速率日动态的比较

林内和林窗对照组土壤呼吸速率日变化如图 7-9 所示。8 月林窗土壤呼吸速率大于林内，林内土壤呼吸速率在 10：00 达到最大值，林窗土壤呼吸速率在 14：00 达到最大值，林内土壤呼吸速率达到最大值的时间比林窗早。9 月林窗土壤呼吸速率比林内大，林内和林窗土壤呼吸速率均在 14：00 达到最大值，说明土壤呼吸速率达到峰值的时间是相同的。综上所述，无论是 8 月还是 9 月，林窗的土壤呼吸速率均大于林内，是由于林内和林窗光照、降水等环境因子的不同所致。

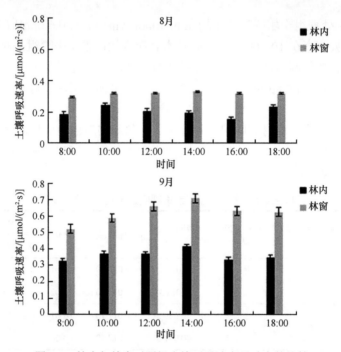

图7-9　林内与林窗对照组土壤呼吸速率日动态的比较

7.3.5　讨论

（1）林内和林窗土壤呼吸速率月动态分析得出，林内和林窗土壤呼吸速率均在7月最大，林内表现为去除组＞加倍组＞对照组，说明凋落物去除会使土壤呼吸速率增加。本研究林内土壤呼吸速率月动态与陈灿等（2017）的研究结果存在差异。可能的原因是，测定时间是7～9月，此时较高的环境温度对土壤动物及微生物的活性造成了影响，进而影响了凋落物的分解，从而改变了土壤呼吸速率，使得研究结果与陈灿等（2017）的研究结果存在差异。林窗土壤呼吸速率表现为加倍组＞对照组＞去除组。由此可见，凋落物加倍增加了土壤呼吸速率。

（2）不同凋落物处理下林内土壤呼吸速率出现最大值的时间点不相同，去除组土壤呼吸速率在8：00达到峰值，对照组土壤呼吸速率在14：00达到最大值，加倍组土壤呼吸速率达到峰值的时间则是18：00，并且在8：00～16：00基本表现为去除组＞对照组＞加倍组；林窗土壤呼吸速率均在14：00达到最大值，并且在10：00～16：00基本表现为对照组＞去除组＞加倍组。影响土壤呼吸速率的因素很多，温度和水分作为环境因子会对土壤呼吸速率产生影响，土壤微生物的量及其活性也会对土壤呼吸速率产生影响。本研究结果与陈灿等（2017）研究结果出现差异的可能原因有：①微生物呼吸作为土壤呼吸的重要组成部分，其速率会因为土层的厚度及肥力的不同而存在差异，从而使土壤呼吸速率产生差异，进而对研究结果产生影响；②极端温度会影响微生物的活性，也会造成研究结果的差异。土壤呼吸速率日动态的方差分析表明，8 月去除组与对照组间存在极显著差异（$P < 0.01$），加倍组与对照组间存在显著差异（$P < 0.05$）。

（3）凋落物是影响森林土壤呼吸的重要因素。保留凋落物比较林内和林窗土壤呼吸速率的日变化，结果显示，林内土壤呼吸速率小于林窗，可能是林窗的温度波动性大于林内，使林窗土壤平均温度大于林内，从而使林窗土壤呼吸速率大于林内。

7.4　土壤呼吸速率的影响因素分析

本研究以宁夏贺兰山国家级自然保护区的青海云杉林、松杨混交林、油松林 3 种林分为研究对象，通过设置自然凋落物（对照）、去除凋落物和加倍凋落物 3 种处理，探讨了不同凋落物处理对土壤呼吸速率造成的影响。实验方法参考李伟晶等（2018）对土壤呼吸组分的研究方法。测定不同凋落物处理下的土壤呼吸速率，分析 3 种林分土壤呼吸速率日动态及月动态的变化规律，以期为探究森林土壤碳循环过程提供依据。

7.4.1　研究区概况

样地位于宁夏贺兰山国家森林公园，地处内蒙古与宁夏交界处。贺兰山地势高峻，为典型的温带大陆性气候，冬季盛行西北风，夏季多雷雨天气。林下植被主要有小叶忍冬、三穗薹草、置疑小檗、小叶鼠李等。

7.4.2　研究内容

本研究在贺兰山苏峪口进行。观测加倍凋落物、自然凋落物（对照）和去除凋落物 3 种处理对青海云杉林、松杨混交林和油松林 3 种林分土壤呼吸速率的影响。定期对 3 种林分进行土壤呼吸速率测量，观察土壤呼吸速率的月动态及其对土壤水热因子的响应；建立土壤呼吸速率与土壤温度、土壤湿度的关系模型，并分析土壤温度、土壤湿度对土壤呼吸速率的影响。

7.4.3　研究方法

7.4.3.1　样地设置

选择青海云杉林、油松林和松杨混交林 3 种林分，在各林地内设定固定的实验样地。实验样地中，有加倍凋落物、去除凋落物和自然凋落物 3 种处理，每种处理设有 6 个重复样方，每个样方面积为 4m×3m，每个样方内设置 4 个土壤环。每个重复样方相距 5m 以上。

（1）自然凋落物处理组（对照组）：3 种林分中自然状态下不做任何处理的测定点，每种林分内设置 3 个重复样方，与其他处理产生的结果进行对比。

（2）去除凋落物处理组（去除组）：3 种林分中选择小样方 9 个。首先是清除小样方内地上的枯落物，在距地面高 0.5m 的地方设置 4m×3m 的凋落物收集网，其作用是收集凋落物，同时防止凋落物进入该处理内。

（3）加倍凋落物处理组（加倍组）：3 种林分中选择小样方 9 个。将去除组清除的枯落物和收集网上的凋落物均匀撒到该处理内。

7.4.3.2　土壤呼吸数据的测量

采用 LI-8100 开路式土壤碳通量测定系统，用自带探针对土壤呼吸速率、土壤 10cm 温度与土壤 10cm 湿度（体积含水量,%）进行测定。测定前选取直径 20cm、高 6cm 的 PVC 环，PVC 环插入土壤 3cm 左右，砸实，防止漏气，除去环内杂草等干扰物质，保持 PVC 环在整个测量期内位置不变。本研究每月测量 1 次，在有降水天气时，会顺延至天晴后的第 3 天进行测量，如果降水天气持续时间长，就在无降水天气的条件下进行测量。

7.4.3.3　数据处理

用 SPSS 24.0 软件对不同林分及处理间的土壤呼吸速率、土壤 10cm 温度、土壤 10cm 湿度进行方差分析，并对土壤呼吸速率与土壤 10cm 温度和土壤 10cm 湿度进行相关性分析。运用 Origin 2018 软件作图。

7.4.3.4　土壤呼吸速率与土壤温度和土壤湿度模型模拟

土壤呼吸速率与土壤温度的关系采用指数模型模拟：

$$R_S = \alpha \times e^{\beta T}$$

式中，R_S 为平均土壤呼吸速率 $[\mu mol/（m^2 \cdot s）]$；T 为土壤温度（℃）；α 为 0℃时土壤呼吸速率 $[\mu mol/（m^2 \cdot s）]$；β 为温度反应系数。

土壤温度敏感性指数用 Q_{10} 表示。Q_{10} 是指温度升高 10℃时土壤呼吸速率变化的倍数。

$$Q_{10} = e^{10\beta}$$

式中，β 为温度反应系数。

土壤呼吸速率与土壤湿度的关系采用线性模型：

$$R_S = aW + b$$

式中，R_S 为平均土壤呼吸速率 [μmol/（m²·s）]；W 为土壤湿度（%）；a 为水分反应系数；b 为截距。

7.4.4　不同凋落物处理下土壤温湿度的季节动态

3 种林分不同凋落物处理下土壤 10cm 温度随时间尺度逐渐降低，而土壤 10cm 湿度随时间尺度变化复杂（图 7-10），土壤 10cm 温度均表现为 7 月 14 日最大，10 月 17 日最小。土壤 10cm 湿度表现为 9 月 19 日最大，10 月 17 日最小。

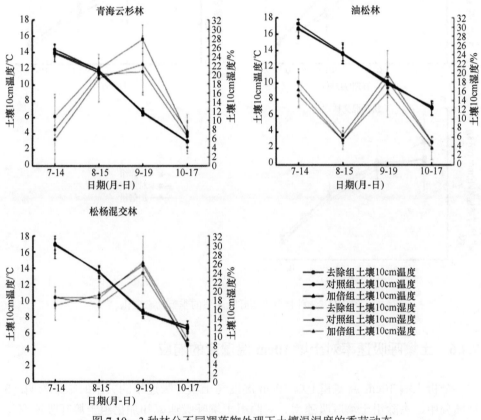

图 7-10　3 种林分不同凋落物处理下土壤温湿度的季节动态

7.4.5　3 种林分土壤呼吸速率的季节动态

3 种林分土壤呼吸速率的季节动态如图 7-11 所示。对照组、去除组和加倍组土壤呼吸速率季节动态变化明显，其中，青海云杉林不同凋落物处理组土壤呼吸速率在 8 月 15 日最大，最大值表现为加倍组＞对照组＞去除组；油松林加倍组和对照组土壤呼吸速率在 8 月 15 日最大，去除组在 7 月 14 日最大，最大值表现为对照组＞去除组＞加倍组；松杨混交林不同凋落物处理组土壤呼吸速率均在 7 月 14 日最大，最大值表现为去除组＞对照组＞加倍组。

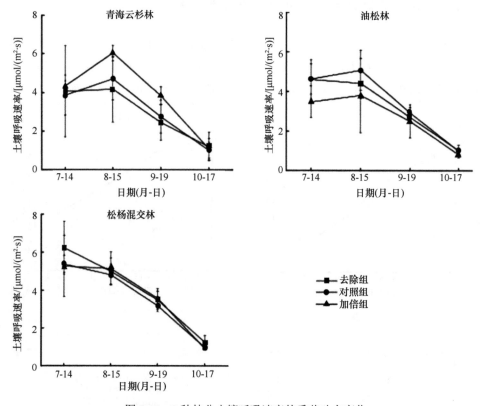

图 7-11　3 种林分土壤呼吸速率的季节动态变化

7.4.6　土壤呼吸速率对土壤 10cm 温湿度的响应

分析土壤 10cm 温度和土壤 10cm 湿度与土壤呼吸速率的关系的结果表明：3 种林分中，去除组土壤呼吸速率、对照组土壤呼吸速率和加倍组土壤呼吸速率与土壤 10cm 温度拟合度均较好，各处理组土壤呼吸速率与土壤 10cm 温度之间均存在显著的指数正相关关系（$P<0.05$），土壤 10cm 温度分别可以解释 3 种林分去除组、对照组和加倍组土壤呼吸速率季节变化的 51.9%～76.2%、66.7%～76.7%和59.8%～72.8%（表 7-5），说明土壤 10cm 温度是影响这一地区 3 种林分土壤呼吸速率的主要因子。土壤呼吸速率对土壤温度的敏感性（通常用 Q_{10} 表示）表明土

壤呼吸速率对土壤温度的反应敏感。3 种林分去除组土壤呼吸速率、对照组土壤呼吸速率和加倍组土壤呼吸速率与土壤 10cm 湿度的线性回归结果差异不显著，松杨混交林去除组、对照组和加倍组的解释度相较于青海云杉林和油松林较高，说明土壤呼吸速率对于松杨混交林的响应较大，但是均远小于土壤温度对土壤呼吸速率的影响。

表 7-5　3 种林分土壤呼吸速率与土壤 10cm 温度和土壤 10cm 湿度的回归关系

土壤呼吸速率	林分	土壤 10cm 温度				土壤 10cm 湿度		
		回归方程	R^2	P 值	Q_{10}	回归方程	R^2	P 值
去除组土壤呼吸速率	青海云杉林	$R=0.814e^{0.1207T_{10}}$	0.519	<0.05	3.32	$R=0.002W_{10}+2.936$	0.0001	>0.05
	油松林	$R=0.509e^{0.139T_{10}}$	0.762	<0.05	4.01	$R=0.079W_{10}+2.237$	0.129	>0.05
	松杨混交林	$R=0.754e^{0.131T_{10}}$	0.694	<0.05	3.71	$R=0.167W_{10}+1.188$	0.264	>0.05
对照组土壤呼吸速率	青海云杉林	$R=0.839e^{0.127T_{10}}$	0.667	<0.05	3.56	$R=0.068W_{10}+2.155$	0.113	>0.05
	油松林	$R=0.473e^{0.152T_{10}}$	0.767	<0.05	4.57	$R=0.049W_{10}+2.874$	0.032	>0.05
	松杨混交林	$R=0.646e^{0.135T_{10}}$	0.718	<0.05	3.86	$R=0.126W_{10}+1.416$	0.242	>0.05
加倍组土壤呼吸速率	青海云杉林	$R=0.948e^{0.136T_{10}}$	0.598	<0.05	3.90	$R=0.082W_{10}+2.711$	0.129	>0.05
	油松林	$R=0.445e^{0.135T_{10}}$	0.728	<0.05	3.86	$R=0.074W_{10}+1.889$	0.107	>0.05
	松杨混交林	$R=0.624e^{0.138T_{10}}$	0.636	<0.05	3.97	$R=0.144W_{10}+1.133$	0.268	>0.05

注：R 代表土壤呼吸速率；T_{10} 代表土壤 10cm 温度；W_{10} 代表土壤 10cm 湿度。

7.4.7　讨论

凋落物层是土壤独特的结构层次，在陆地生态系统中对于地上部分和地下部分起着连接的纽带作用。凋落物是土壤碳库输入的一个主要来源（吕富成和王小丹，2017），是土壤呼吸的一个重要组成部分，会对土壤呼吸产生显著影响（李巧燕和王襄平，2013）。本研究结果表明，青海云杉林和油松林凋落物的去除会使土壤呼吸速率降低，这与其他地区的研究结果（余再鹏等，2014）相同。首先，去除凋落物会使土壤碳源的输入减少，从而使土壤呼吸速率减小；其次，去除凋落物会使土壤表层的微生物数量减少，而且失去凋落物营造的土壤微环境的保护，一部分微生物的活性就会降低（陈灿等，2017），从而使土壤呼吸速率减小；再次，凋落物呼吸本身就是土壤呼吸的重要组成部分，去除凋落物本身就会使土壤呼吸速率降低。观测期内，青海云杉林和油松林凋落物的去除会使土壤呼吸速率有所下降，这可能是不同地区气候条件和凋落物的类型不同造成的。观测期内，3 种林分添加凋落物后青海云杉林和松杨混交林土壤呼吸速率有所增加，油松林土壤呼吸速率有所降低。通常认为，添加凋落物会提高土壤呼吸速率，这更多的是因为凋落物添加后造成的"激发效应"，即凋落物的输入增加了土壤微生物碳和能量的输入，并使更多新鲜植物有机碳残体输入土壤，使土壤有机碳矿化速率提高，从而使土壤呼吸速率提高。覃志伟等（2019）研究表明，新的有机碳的输入可以补偿固有有机碳的损耗，从而达到新的平衡，并不产生更多的"激发效应"。

土壤温度和土壤湿度是影响土壤呼吸速率的两个重要因子。去除组土壤呼吸速率、对照组土壤呼吸速率和加倍组土壤呼吸速率与土壤 10cm 温度的回归结果表明，3 种处理下所测得的土壤呼吸速率与土壤 10cm 温度均有显著的相关关系（$P<0.05$），土壤 10cm 温度分别可以解释 3 种林分去除组、对照组和加倍组土壤呼吸速率季节变化的 51.9%～76.2%、66.7%～76.7%和 59.8%～72.8%，说明土壤 10cm 温度是影响这一地区土壤呼吸速率的主要因子。土壤呼吸速率对土壤温度的敏感性通常用 Q_{10} 表示，Q_{10} 通常取值为 1.80～4.10。本研究中，3 种林分对照组土壤呼吸速率、去除组土壤呼吸速率和加倍组土壤呼吸速率的 Q_{10} 分别为 3.56～4.57、3.32～4.01 和 3.86～3.97，基本属于正常范围（油松林对照组土壤呼吸速率除外）。土壤湿度对土壤呼吸速率的影响比较复杂。目前关于土壤呼吸速率与土壤湿度的研究结果差异很大（余再鹏等，2014）。在本研究中，去除组土壤呼吸速率、对照组土壤呼吸速率和加倍组土壤呼吸速率与土壤 10cm 湿度的相关性并不显著。土壤湿度受降水的影响很大，生长季内降水在时间上分布不均匀，导致土壤含水量也会随着降水发生明显变化。本研究野外实验测定时间均选在无雨晴朗的天气下进行，表层土壤湿度并不能表现出明显的季节性梯度变化，导致土壤湿度对土壤呼吸速率的作用较小。

第8章　典型林分叶片、凋落物和土壤碳周转特征

　　碳是生命系统的关键元素，约占生命体干重的 45%，碳循环作为陆地生态系统的重要功能之一，其微小变化会显著影响全球的能量平衡（张义凡，2018）。近年来，$\delta^{13}C$ 技术已成为研究环境变化下有机碳动态的重要手段。$\delta^{13}C$ 是碳生物地球化学循环过程的综合指标，其中叶片 $\delta^{13}C$ 的大小反映在凋落物 $\delta^{13}C$ 中，因此凋落物 $\delta^{13}C$ 与林分相关。土壤 $\delta^{13}C$ 可以反映有机质输入情况（Gautam et al.，2017）。研究表明，土壤 $\delta^{13}C$ 随着土壤深度的增加而增大，土壤 $\delta^{13}C$ 的垂直分布与有机碳的同位素分馏效应相关，且叶片、凋落物和土壤的 $\delta^{13}C$ 也存在同位素的分馏效应（Zhao et al.，2019；王天娇，2019；Gao et al.，2019）。因此，研究生态系统中叶片、凋落物和土壤的 $\delta^{13}C$ 的变化情况，可作为生态系统有机碳动态变化的依据。植物叶片 $\delta^{13}C$ 受环境水分的影响。水分首先影响植物叶片的气孔特性，气孔行为决定了水分在植物体内的运输和利用能力，从而影响植物对碳的吸收（Ale et al.，2018）。由于凋落物是土壤有机质的主要来源，土壤 $\delta^{13}C$ 可以反映凋落物 $\delta^{13}C$ 经分馏过程后的特征（Zhao et al.，2019）。表层土壤 $\delta^{13}C$ 可以指示当前的 C_3 和 C_4 植物的覆盖情况，但也受环境因子的影响（Gao et al.，2019）。因此，土壤 $\delta^{13}C$ 可反映林分和生态系统有机碳的变化情况。王天娇（2019）对长白山湿地植物叶片、凋落物和土壤的 $\delta^{13}C$ 的研究发现，降水是长白山北坡乔木 $\delta^{13}C$ 变化的主导因子。此外，碳从叶片到凋落物再到土壤的过程中存在同位素分馏效应，不同地区碳同位素分馏区间为 0.5%～1.5%（宁有丰等，2005；Ma et al.，2009；Lee et al.，2005），但也有研究发现植物叶片碳同位素分馏到土壤中的比例大于 1.5%（马剑英等，2007）。叶片 $\delta^{13}C$、凋落物 $\delta^{13}C$ 和土壤 $\delta^{13}C$ 的分馏幅度不一致，研究叶片、凋落物和土壤 3 个不同阶段 $\delta^{13}C$ 的特征有助于理解生态系统碳周转中植物与土壤相互作用的复杂碳循环关系。

　　北半球中高纬度干旱和半干旱地区的亚高山山地生态系统通常被认为是对气候变化最敏感和脆弱的生态系统，是研究气候变化下有机碳循环的理想地区（Alberto et al.，2013）。宁夏是我国典型的少林省区，其森林资源多分布在贺兰山、罗山和六盘山等林区（程积民等，2006）。贺兰山位于宁夏西北部，拥有我国西北干旱风沙区典型的森林生态系统，可阻挡沙漠入侵、涵养水源，被称为银川平原的天然屏障（季波等，2014a）。罗山位于宁夏中部干旱带，是我国西北部温带草原和荒漠地区的交界线（苏纪帅等，2013）。六盘山位于宁夏南部，是重要的水源

涵养林地,对宁南山区的气候调节意义重大(王云霓等,2012)。因此,研究宁夏山地森林土壤有机碳分布对于了解气候变化下陆地生态系统碳循环具有重要意义。目前,研究方向主要集中在不同海拔梯度与相同优势植被的碳同位素、凋落物的分解、土壤有机碳含量、碳组分和土壤呼吸等方面(程积民等,2006;季波等,2014b;苏纪帅等,2013;王云霓等,2012;马利民等,2003;高迪等,2019;卿明亮等,2019)。总体上,这些研究结果对于科学认识山地生态系统植被、土壤特性与碳循环具有重要价值。但由于研究区的选择上只重视、突出对同一山地不同海拔梯度的研究,针对不同山地中典型林分的研究明显缺乏,关于植物叶片、凋落物和土壤三者的 $\delta^{13}C$ 特征的综合研究较少。基于此,本研究以贺兰山、罗山和六盘山内不同林分叶片、凋落物和土壤作为研究对象,开展了不同山地青海云杉林与油松林植物叶片、凋落物和土壤的 $\delta^{13}C$ 特征及其分馏作用的研究,对评价宁夏脆弱山地生态系统碳循环规律与气候变化下植被适应策略具有积极作用。

8.1 叶片稳定碳同位素特征及其影响因素

8.1.1 研究区概况

研究区位于宁夏的贺兰山、罗山和六盘山,自北向南包括银川市贺兰县、吴忠市同心县、吴忠市红寺堡区和固原市隆德县。贺兰山主要生态功能是防风固沙和生物多样性保护,罗山主要生态功能是防风固沙,六盘山主要生态功能是水土保持和水源涵养。

贺兰山属温带大陆性气候,是中国 200mm 等降水量线的分布地带。研究区位于苏峪口林场,该区年平均气温–0.8℃,年平均降水量 420mm,森林土壤类型为灰褐土。青海云杉和油松为建群种,样地内乔木树种单一,林下植被主要有小叶忍冬、三穗薹草、置疑小檗、小叶鼠李等。

罗山属典型的温带大陆性气候。研究区位于乱柴沟林场。该区年平均气温7.5℃,年平均降水量 268.90mm,森林土壤类型为灰褐土。青海云杉和油松为建群种,样地内乔木树种单一,林下灌木主要有灰栒子、山楂、野蔷薇、绣线菊,草本植物以三穗薹草、羊草、画眉草、糙苏、冷蒿为主。

六盘山属暖温带大陆性季风气候,是半干旱半湿润过渡带。研究区位于和尚铺林场和东山坡林场。该区年平均气温 5.8℃,年平均降水量 632mm,土壤类型以灰褐土为主。该保护区内森林植被类型丰富,天然林主要树种有蒙古栎、华山松、白桦、红桦、山杨等;人工林主要树种为华北落叶松、油松、青海云杉。

在贺兰山、罗山和六盘山,青海云杉和油松两种林分分布广、面积大,具有一定的代表性。青海云杉和油松更是贺兰山和罗山的建群种,是六盘山的优势树种。青海云杉和油松是我国本土特有树种，作为宁夏本土针叶林树种，因具有适应性强，可耐低温、耐旱、耐瘠薄、抗风、喜干冷气候等特点，兼具涵养水源、保持水土等方面的优点，是高山区重要森林更新树种。

8.1.2　样地选择与样品采集

2019 年 8 月，我们在宁夏贺兰山、罗山和六盘山同一海拔区间（2209～2805m）内，选取三山共有的两种典型林分——青海云杉林纯林和油松林纯林作为研究对象（表 8-1）。在各典型林分随机设置 3 个 20m×20m 的独立样方。每个样方选择 3 株标准木，分别用高枝剪采集树木冠层中部东、西、南、北 4 个方向生长良好的成熟叶片。分别在每株标准木 1m 范围内用采样铲随机采集 3 处目标树种的新鲜凋落物（位于凋落物上层未完全变黄的凋落物）样品。同时在各样方内挖 3 个 1m 深的土壤剖面，分别采集 0～10cm、10～20cm、20～40cm、40～60cm、60～100cm 深度的土壤样品。为减小误差，将同一样方内 3 个样品进行混合。植物样品包锡箔纸，土壤样品装密封袋，将所有样品放在保温箱中带回实验室。

表 8-1　采样区基本概况

采样区	林分	年平均降水量/mm	东经/(°)	北纬/(°)	海拔/m	土壤温度/℃	土壤类型
贺兰山	青海云杉林	350	106.10	38.78	2434	7.23	灰褐土
	油松林	270	106.09	38.78	2275	10.68	灰褐土
罗山	青海云杉林	600	106.20	37.15	2567	9.20	灰褐土
	油松林	400	106.19	37.18	2350	11.14	灰褐土
六盘山	青海云杉林	676	106.20	35.37	2805	9.59	灰褐土
	油松林	638	106.24	35.30	2209	11.93	灰褐土

将带回实验室的植物叶片用清水清洗表面杂质，置于恒温干燥箱中，105℃杀青，并在 80℃烘干至恒重。每个土壤样品均过 2mm 筛，去除根和凋落物等杂质后自然风干。叶片、凋落物和土壤样品用球磨仪研磨至粉末状，过 2mm 筛备用。叶片和凋落物有机碳含量、全氮含量和全磷含量的测定参考王天娇（2019）的方法。使用激光衍射粒度分析仪（MS3000）测定土壤粒径分形（以体积分数计），根据美国农业部土壤质地分类系统（阎欣和安慧，2017），计算各个级别土壤颗粒的比例。土壤容重、土壤 pH、土壤有机碳含量、土壤全氮含量、土壤全磷含量、土壤全盐含量、土壤速效磷含量、土壤碱解氮含量和土壤速效钾含量的测定参考张义凡（2018）和 Gao 等（2019）的方法。土壤微生物量碳和土壤微生物量氮采用氯仿熏蒸-0.5mol/L K_2SO_4 浸提法测定，换算系数分别为 0.45 和 0.54。在进行 $\delta^{13}C$ 分析之前，选取 2g 土壤样品，用 1mol/L HCl 溶液预处理 24h，以除去碳酸盐。再

使用测量精度为±0.1‰的同位素质谱仪（Delta V Advantage）测定样品的 $\delta^{13}C$。测定结果以国际标准物质 PDB（pee dee belemnite）为基准，采用标准 δ 表示法（即相对于 PDB 的千分偏差）。

8.1.3　数据处理

$\delta^{13}C$ 采用同位素质谱仪测定，仪器精度为 0.1‰。标准样品为美国的美洲拟箭石（PDB，$\delta^{13}C=0.011\ 24‰$），$\delta^{13}C$ 采用 McKinney 等（1950）的方法计算。计算公式：

$$\delta^{13}C(‰)=(R_{样品}/R_{标准}-1)\times1000$$

式中，$\delta^{13}C$ 为稳定碳同位素自然丰度；$R_{样品}$ 为样品的重轻同位素比值；$R_{标准}$ 为国际通用标准物质的重轻同位素比值。

植物内稳态拟合方程（陈婵等，2019）为

$$y=kx+c$$

式中，x 为土壤 N 或 P 含量（%）；y 为植物 N 或 P 含量（%）；c 为在没有外部养分供应的情况下，植物体内养分的最低含量（%）；k 为植物养分含量与土壤养分含量之间的关系的斜率。$k=0$ 表示植物体内该养分含量具有绝对的内稳态，不受环境变化的影响。

同位素分馏因子（α）与土壤有机碳分解速率（β）的计算公式（Zhao et al., 2019；张慧文，2010）如下

$$\alpha=\delta^{13}C_{反应物}/\delta^{13}C_{产物}$$

$$\beta=\lg SOC/\delta^{13}C$$

式中，$\delta^{13}C_{反应物}$ 为反应物的稳定碳同位素自然丰度；$\delta^{13}C_{产物}$ 为产物的稳定碳同位素自然丰度；$\delta^{13}C$ 为土壤有机碳的稳定碳同位素自然丰度；SOC 为土壤有机碳含量（g/100g）。

植物叶片、凋落物和土壤的 C∶N、C∶P 及 N∶P 均以质量比表示。采用单因素方差分析和最小显著性差异法分别比较贺兰山、罗山和六盘山相同林分植物叶片 $\delta^{13}C$、凋落物 $\delta^{13}C$ 和土壤 $\delta^{13}C$ 的差异。采用双因素方差分析检验贺兰山、罗山和六盘山这 3 个山地和青海云杉林与油松林两种林分及其交互作用对叶片 $\delta^{13}C$、凋落物 $\delta^{13}C$ 和 0～100cm 各土层土壤 $\delta^{13}C$ 的影响。采用一元回归分析研究典型林分植物叶片内稳态。采用 Pearson 相关性分析研究贺兰山、罗山和六盘山典型林分叶片、凋落物和土壤的 $\delta^{13}C$ 分别与其 C 含量、N 含量、P 含量和化学计量的相关性。采用冗余分析研究土壤 $\delta^{13}C$ 和土壤 β 值与土壤性质之间的关系。利用 SPSS 24.0 软件、Canoco 5.0 软件和 Origin 2018 软件进行数据处理和绘图。

8.1.4　典型林分叶片 $\delta^{13}C$ 的变化特征

不同山地青海云杉林与油松林叶片 $\delta^{13}C$ 的变化特征如图 8-1 所示。从图中可以看出，青海云杉林叶片 $\delta^{13}C$ 表现为贺兰山＞罗山＞六盘山，油松林叶片 $\delta^{13}C$ 表现为贺兰山＞六盘山＞罗山。通过对相同山地中典型林分的比较可知，贺兰山和六盘山叶片 $\delta^{13}C$ 表现为油松林＞青海云杉林，而罗山叶片 $\delta^{13}C$ 表现为青海云杉林＞油松林。

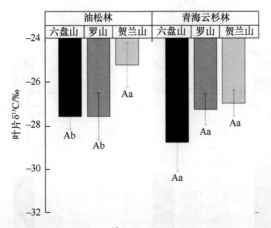

图 8-1　典型林分叶片 $\delta^{13}C$ 的变化特征（刘丽贞，2021）

不同大写字母表示同一山地不同林分间差异显著（$P<0.05$）；不同小写字母表示同一林分不同山地间差异显著（$P<0.05$）

8.1.5　典型林分叶片 C 含量、N 含量、P 含量及其化学计量特征

不同山地典型林分（青海云杉林与油松林）叶片 C 含量、N 含量、P 含量及其化学计量特征如图 8-2 所示。从图中可以看出，两林分叶片 C 含量、N 含量、P 含量的平均值分别为 51.09%、1.55%和 0.15%。罗山青海云杉林叶片 C 含量、P 含量高于贺兰山与六盘山，罗山油松林叶片 C 含量低于贺兰山与六盘山。罗山青海云杉林叶片 N 含量低于贺兰山与六盘山，罗山油松林叶片 N 含量高于贺兰山与六盘山。罗山青海云杉林叶片 C∶N 高于贺兰山与六盘山，而叶片 N∶P 低于贺兰山与六盘山。六盘山青海云杉林叶片 C∶P 高于罗山与贺兰山，而贺兰山油松林叶片 C∶P 高于罗山和六盘山。

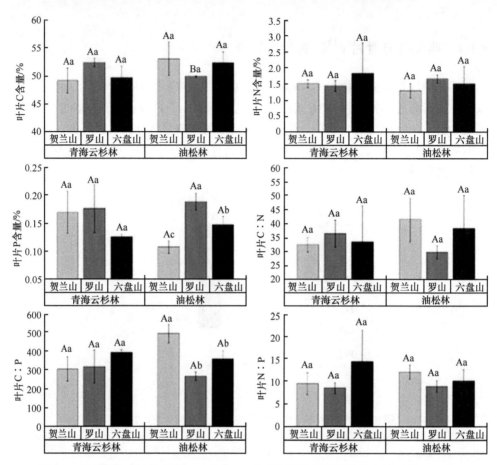

图 8-2　典型林分叶片 C 含量、N 含量、P 含量及其化学计量特征（刘丽贞，2021）

不同大写字母表示同一山地不同林分间差异显著（$P<0.05$）；不同小写字母表示同一林分不同山地间差异显著（$P<0.05$）

8.1.6　典型林分叶片 $\delta^{13}C$ 与叶片 C 含量、N 含量、P 含量及其化学计量的相关分析

对典型林分叶片 $\delta^{13}C$ 与 C 含量、N 含量、P 含量及其化学计量相关分析如图 8-3 所示。结果表明，叶片 $\delta^{13}C$ 与叶片 N 含量呈显著负相关（$P<0.05$）；叶片 C 含量与叶片 C：N 呈显著正相关（$P<0.05$）；叶片 N 含量与叶片 N：P 呈显著正相关（$P<0.05$），与叶片 C：N 显著负相关（$P<0.05$）；叶片 P 含量与叶片 C：P 呈显著负相关；叶片 C：N 与叶片 C：P 呈显著正相关（$P<0.05$），与叶片 N：P 呈显著负相关（$P<0.05$）。

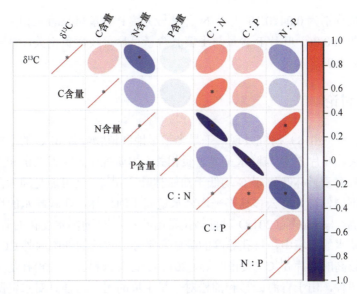

图 8-3　典型林分叶片 $\delta^{13}C$ 与叶片 C 含量、N 含量、P 含量及其化学计量的相关矩阵
（刘丽贞，2021）

*为显著相关（$P<0.05$），且红色表示正相关，蓝色表示负相关，颜色越深相关系数绝对值越大

8.1.7　典型林分叶片内稳态

典型林分叶片 N 含量和 P 含量与土壤 N 含量和 P 含量的关系如图 8-4 所示。叶片 N 含量和 P 含量均与土壤 N 含量呈显著线性负相关，斜率分别为-0.92、-0.11，

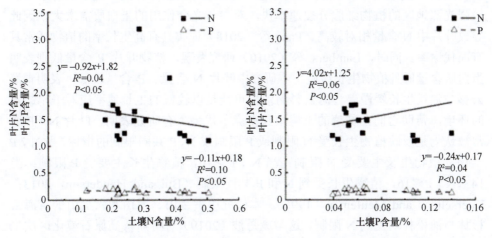

图 8-4　典型林分叶片 N 含量和叶片 P 含量与土壤 N 含量和土壤 P 含量的关系
（刘丽贞，2021）

相关系数分别为 0.04、0.10。叶片 N 含量与土壤 P 含量呈显著正相关,斜率为 4.02,相关系数为 0.06。叶片 P 含量与土壤 P 含量呈显著线性负相关,斜率为–0.24,相关系数为 0.04。

8.1.8 讨论

Ale 等(2018)研究发现,干旱半干旱地区植物叶片 $\delta^{13}C$ 的增加与水分胁迫密切相关,叶片 $\delta^{13}C$ 与降水呈显著负相关。本研究中,在贺兰山和六盘山两种山地下的青海云杉林叶片 $\delta^{13}C$ 均低于油松林叶片 $\delta^{13}C$。这可能是因为在相同山地中因海拔不同使得青海云杉林年平均降水量高于油松林,在较缺水的环境中,叶片 $\delta^{13}C$ 较高,与 Ale 等(2018)对喜马拉雅山叶片 $\delta^{13}C$ 随降水变化的研究结果一致。在干旱缺水的环境中,气孔导度的降低通常导致较低的细胞内外 CO_2 浓度比,从而导致较高的叶片 $\delta^{13}C$(黄甫昭等,2019)。青海云杉林与油松林是宁夏山地主要针叶林树种,由于青海云杉和油松对干旱生境的耐受力强且对水资源的利用率较高,可逐步推广种植。

本研究中叶片 C 含量平均值为 51.09%,高于青藏高原东缘针叶林、我国陆地针叶林和我国西北温带森林植物叶片 C 含量(宁有丰等,2005;Tang et al.,2018;Zhang et al.,2017)。这可能是因为 C 是植物叶片生长发育的物质基础与能量来源,较高的叶片 C 含量有助于提高植物对水分限制等胁迫环境的适应能力。而本研究中叶片 N 含量、P 含量平均值分别为 1.55%、0.15%,低于 Shi 等(2012)对贡嘎山针叶林的研究结果,这可能与贡嘎山年平均降水量(1050~1938mm)大于本研究区年平均降水量(270~676mm)有关,处于高降水量和较强光照地区的植物细胞分裂速率快,对参与光合作用的蛋白质需求大,因此导致叶片中 N 含量相对较高。Pang 等(2018)证实具有高生长率的植物通常具有高代谢率。同时,Lambers 等(2010)研究发现,植物叶片 P 含量低则表明蛋白质含量低且植物生长缓慢。本研究中叶片 N 含量、P 含量较低,表明青海云杉与油松生长缓慢。青海云杉与油松可能是以较低的生长速率应对干旱缺水的环境,帮助它们在贫瘠的土壤中获得竞争优势。有研究表明,叶片 N∶P 通常被认为是反映植物生长受 N 限制或 P 限制或 N、P 共同限制的指标,当 N∶P ≤14,植物生长主要受 N 限制;当 N∶P>16,植物生长主要受 P 限制;当 14<N∶P≤16,植物生长受到 N 和 P 共同限制(Bui and Henderson,2013;Koerselman and Meuleman,1996)。本研究中贺兰山、罗山和六盘山的青海云杉林与油松林均受到 N 限制,这与庞丹波(2019)对喀斯特高原石漠化区次生林的研究结果一致。

王文文(2012)研究发现,叶片 $\delta^{13}C$ 虽然主要受物种遗传的影响,但是外部控制因子的差异也通过影响植物光合作用使同种植物叶片 $\delta^{13}C$ 达到 3‰~5‰的差异。本研究中典型林分叶片 $\delta^{13}C$ 与叶片 N 含量呈显著负相关。叶片 N 含量增加，使得光合酶中聚集大量氮元素，导致叶片对碳元素的需求增大，而 CO_2 的供应未达到叶片对碳元素的需求，叶片就会利用 ^{13}C，最终导致叶片 $\delta^{13}C$ 减少（Vitousek et al.，1990）。N 是控制叶片 $\delta^{13}C$ 的主要因素，这与张慧文（2010）对天山植物 $\delta^{13}C$ 的研究结果一致。叶片 P 含量内稳态较弱，受土壤 N 含量、土壤 P 含量的影响较大。同时，本研究表明贺兰山、罗山和六盘山的青海云杉林和油松林均受 N 限制，因此本研究结果在一定程度上证实限制性养分元素稳定性假说，即由于植物内养分平衡的制约，限制性元素的稳定性较强，对环境变化的响应较弱，具有较强的内稳态（陈婵等，2019）。

利用稳定碳同位素技术研究宁夏贺兰山、罗山和六盘山典型林分青海云杉林和油松林叶片 $\delta^{13}C$ 的变化规律的结果表明，贺兰山和六盘山两种山地的青海云杉林叶片 $\delta^{13}C$ 均低于油松林叶片 $\delta^{13}C$。青海云杉林与油松林叶片 N 含量内稳态较高，P 含量内稳态较弱。贺兰山、罗山和六盘山的青海云杉林与油松林生长受 N 限制，建议对这些林区的经营管理应考虑适当增加含 N 物质的输入，以提高青海云杉林与油松林土壤质量。

8.2　凋落物 $\delta^{13}C$ 特征及其影响因素

8.2.1　样地选择与样品采集

见 8.1.2 节。

8.2.2　数据处理

见 8.1.3 节。

8.2.3　典型林分凋落物 $\delta^{13}C$ 的变化特征

不同山地青海云杉林与油松林凋落物 $\delta^{13}C$ 的变化特征如图 8-5 所示。从图中可以看出，青海云杉林和油松林凋落物 $\delta^{13}C$ 均表现为贺兰山＞罗山＞六盘山，且青海云杉林凋落物 $\delta^{13}C$ 在三山中差异显著（$P < 0.05$）。对相同山地中典型林分的比较可知，贺兰山和六盘山凋落物 $\delta^{13}C$ 表现为青海云杉林＞油松林，而罗山凋落物 $\delta^{13}C$ 表现为油松林＞青海云杉林。

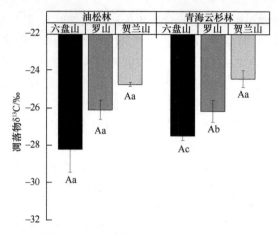

图 8-5　典型林分凋落物 δ¹³C 的变化特征（刘丽贞，2021）

不同大写字母表示同一山地不同林分间差异显著（$P<0.05$）；不同小写字母表示同一林分不同山地间差异显著（$P<0.05$）

8.2.4　典型林分凋落物 C 含量、N 含量、P 含量及其化学计量特征

不同山地对两林分凋落物 C 含量和油松林凋落物 P 含量有一定影响（图 8-6）。青海云杉林凋落物 N 含量呈现贺兰山>六盘山>罗山的趋势，而油松林凋落物 N 含量呈现贺兰山<罗山<六盘山的趋势。罗山油松林凋落物 N∶P 低于贺兰山和六盘山。

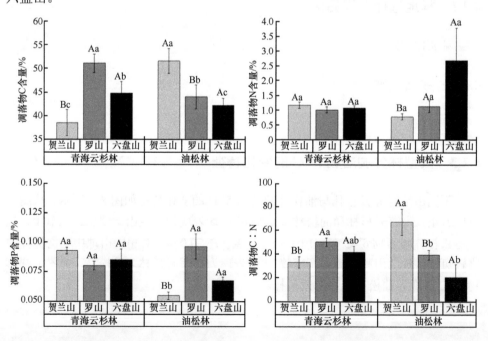

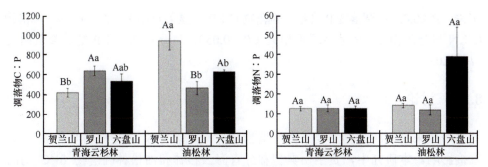

图 8-6　典型林分凋落物 C 含量、N 含量、P 含量及其化学计量特征（刘丽贞，2021）

不同大写字母表示同一山地不同林分间差异显著（$P<0.05$）；不同小写字母表示同一林分不同山地间差异显著（$P<0.05$）

8.2.5　典型林分凋落物 δ^{13}C 与凋落物 C 含量、N 含量、P 含量及其化学计量的相关分析

对典型林分凋落物 δ^{13}C 与 C 含量、N 含量、P 含量及其化学计量相关分析（图 8-7）的结果表明，凋落物 δ^{13}C 与凋落物 C : N 呈显著正相关（$P<0.05$），与凋落物 N 含量和凋落物 N : P 呈显著负相关（$P<0.05$）；凋落物 C 含量与凋落物 C : N 和凋落物 C : P 呈显著正相关（$P<0.05$），与凋落物 P 含量呈显著负相关（$P<0.05$）；凋落物 N 含量与凋落物 N : P 呈显著正相关（$P<0.05$），与凋落物 C : N 呈显著负

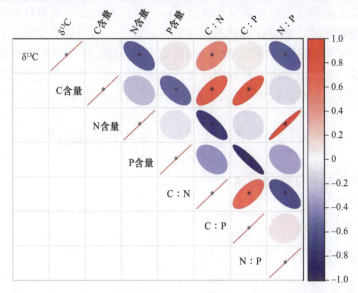

图 8-7　典型林分凋落物 δ^{13}C 与凋落物 C 含量、N 含量、P 含量及其化学计量的相关矩阵
（刘丽贞，2021）

*为显著相关（$P<0.05$），且红色表示正相关，蓝色表示负相关，颜色越深相关系数绝对值越大

相关（$P<0.05$）；凋落物 P 含量与凋落物 C∶P 呈显著负相关（$P<0.05$）；凋落物 C∶N 与凋落物 C∶P 呈显著正相关（$P<0.05$），与凋落物 N∶P 呈显著负相关（$P<0.05$）。

8.2.6　讨论

一般来说，凋落物主要来源于植物叶片，凋落物 $\delta^{13}C$ 受植物叶片 $\delta^{13}C$ 的直接影响。本研究中，贺兰山典型林分青海云杉林和油松林凋落物 $\delta^{13}C$ 均高于罗山和六盘山，这与植物叶片 $\delta^{13}C$ 在三山的变化规律一致。本研究中凋落物的 C 含量、N 含量和 P 含量均比植物叶片中相应元素的含量低，这表明典型林分中碳氮磷养分多被重新分配到地上植物组织部分，以支持嫩枝的再生，这与 An 等（2019a）研究宁夏盐池荒漠草原的结果基本一致。张萍等（2018）研究发现，凋落物 C∶N 越低，表明凋落物分解速率越快。本研究中，贺兰山青海云杉林凋落物分解速率较快，而罗山与六盘山油松林凋落物分解速率较快。张慧文（2010）的研究强调凋落物呼吸作用时产生 CO_2，同时伴随 $\delta^{13}C$ 的分馏，凋落物 $\delta^{13}C$ 与凋落物内元素变化特征关系密切。本研究中凋落物 $\delta^{13}C$ 与凋落物 N 含量呈显著负相关，而在典型林分叶片 $\delta^{13}C$ 与叶片 N 含量同样呈显著负相关，这可能与贺兰山、罗山和六盘山的青海云杉林与油松林均受到 N 限制有关。

利用稳定碳同位素技术研究宁夏贺兰山、罗山和六盘山典型林分青海云杉林和油松林凋落物 $\delta^{13}C$ 的变化规律的结果表明，贺兰山典型林分青海云杉林和油松林凋落物 $\delta^{13}C$ 均高于罗山和六盘山，凋落物中 C 含量、N 含量和 P 含量均比植物叶片含量低。贺兰山青海云杉林凋落物分解速率较快，罗山与六盘山油松林凋落物分解速率较快。凋落物 $\delta^{13}C$ 与凋落物 N 含量呈显著负相关。

8.3　土壤 $\delta^{13}C$ 特征及其影响因素

8.3.1　样地选择与样品采集

见 8.1.2 节。

8.3.2　数据处理

见 8.1.3 节。

8.3.3 典型林分土壤 δ¹³C 特征

不同山地青海云杉林与油松林土壤 $\delta^{13}C$ 的变化特征如图 8-8 所示。从图中可以看出，青海云杉林土壤 $\delta^{13}C$ 表现为贺兰山>六盘山>罗山，且贺兰山与罗山差异显著（$P<0.05$），油松林土壤 $\delta^{13}C$ 表现为贺兰山>罗山>六盘山。对相同山地中典型林分的比较可知，三山土壤 $\delta^{13}C$ 变化相似，均表现为油松林>青海云杉林，且均差异显著（$P<0.05$）。

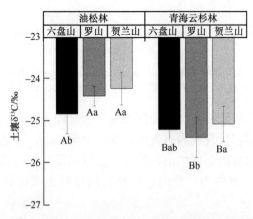

图 8-8 典型林分土壤 $\delta^{13}C$ 变化特征（刘丽贞，2021）

不同大写字母表示同一山地不同林分间差异显著（$P<0.05$）；不含相同小写字母表示同一林分不同山地间差异显著（$P<0.05$）

8.3.4 典型林分土壤有机碳分解特征

张慧文（2010）研究表明，贺兰山青海云杉林与油松林土壤 $\delta^{13}C$ 与 lg SOC 回归方程的斜率 β 可表征土壤有机碳的分解速率。土壤 β 值越大，土壤有机碳分解速率越慢。典型林分不同山地土壤 β 值变化特征如图 8-9 所示。土壤 β 值变化顺序为贺兰山青海云杉林<六盘山青海云杉林<六盘山油松林<罗山青海云杉林<罗山油松林<贺兰山油松林。三山青海云杉林土壤有机碳分解速率大于油松林；贺兰山油松林土壤有机碳分解速率最慢，青海云杉林土壤有机碳分解速率最快。

8.3.5 典型林分土壤性质

由表 8-2 可知，贺兰山和罗山中青海云杉林与油松林土壤 pH 均大于 7，表明该区域土壤偏碱性。三山青海云杉林和油松林土壤 pH 差异明显，均表现为贺兰山

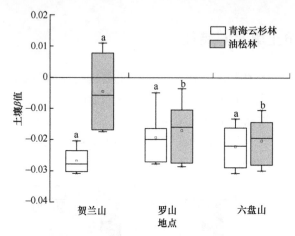

图 8-9 典型林分不同山地土壤 β 值变化特征（刘丽贞，2021）
方框显示数据的上下四分位数。不同小写字母表示不同山地同一林分间差异显著（$P<0.05$）

>罗山>六盘山。青海云杉林与油松林土壤含水量均表现为六盘山>罗山>贺兰山。青海云杉林土壤容重表现为六盘山>罗山>贺兰山，未达到显著水平；油松林土壤容重表现为六盘山>贺兰山>罗山。土壤温度在青海云杉林与油松林均表现为六盘山>罗山>贺兰山。青海云杉林与油松林土壤电导率均表现为贺兰山>罗山>六盘山。

表 8-2 典型林分土壤物理特征（刘丽贞，2021）

林分	地点	土壤pH	土壤含水量/%	土壤容重/%	土壤温度/℃	土壤电导率/（μS/cm）
青海云杉林	贺兰山	7.67±0.61Ba	0.11±0.01Ab	0.82±0.24Ba	7.23±0.50Bb	266.02±149.11Aa
	罗山	7.66±0.17Aa	0.13±0.02Ab	0.99±0.15Aa	9.20±0.55Aa	151.38±46.61Aa
	六盘山	6.90±0.08Bb	0.22±0.01Aa	1.04±0.09Ba	9.59±0.19Ba	57.23±7.42Aa
油松林	贺兰山	7.91±0.22Aa	0.05±0.01Ac	1.22±0.24Aa	10.68±0.22Ac	219.46±157.11Ba
	罗山	7.81±0.09Ab	0.12±0.03Ab	0.74±0.14Bb	11.14±0.11Ab	148.73±30.59Bb
	六盘山	7.26±0.17Ac	0.19±0.01Ab	1.24±0.03Aa	11.93±0.48Aa	56.74±15.06Bb

注：同列不同小写字母表示同一林分不同山地间差异显著（$P<0.05$）；同列不同大写字母表示同一山地不同林分间差异显著（$P<0.05$）。

对青海云杉林与油松林土壤粒径分布分形特征的研究（表8-3）可知，三山土壤黏粒含量占比非常小。土壤粒径组成主要集中在粉粒和极细砂粒，二者所占比例为64.60%～83.74%，细砂粒、中砂粒、粗砂粒、极粗砂粒4种砂粒所占比例为16.18%～35.27%。

表 8-3　典型林分土壤粒径分布分形特征（刘丽贞，2021）

林分	地点	土壤黏粒含量/%	土壤粉粒含量/%	土壤极细砂粒含量/%	土壤细砂粒含量/%	土壤中砂粒含量/%	土壤粗砂粒含量/%	土壤极粗砂粒含量/%
青海云杉林	贺兰山	0.13±0.10a	41.36±7.45a	23.24±3.37a	11.48±2.35a	3.35±1.55a	7.81±2.08a	12.63±5.17a
	罗山	0.07±0.09a	53.72±7.52a	30.02±3.53a	10.50±2.87a	2.14±1.19a	2.47±1.48b	1.07±1.39b
	六盘山	0.68±0.65a	58.85±11.02a	16.99±2.81a	8.53±2.92a	3.94±2.08a	6.09±2.66a	4.92±6.41ab
油松林	贺兰山	0.47±0.14a	61.43±7.09a	21.64±2.78a	10.78±2.66a	1.93±1.07a	1.55±1.48a	2.21±3.59b
	罗山	0.23±0.11b	48.02±8.37a	24.79±3.10a	11.48±2.77a	4.45±1.53a	5.72±2.47b	5.32±4.45b
	六盘山	0.66±0.36b	56.79±7.15a	17.52±4.79a	8.56±2.50a	4.14±1.33a	6.50±1.97a	5.84±7.57ab

注：土壤粒径含量不为 100% 是由于四舍五入修约所致。同列不含相同小写字母表示同一林分不同山地间差异显著（$P<0.05$）。

对青海云杉林与油松林不同山地土壤化学性质变化特征的研究（图 8-10）可知，油松林土壤有机碳含量在三山中差异较大，表现为六盘山＞贺兰山＞罗山。贺兰山两种林分土壤有机碳含量的差异达到显著水平（$P<0.05$）。不同山地间青海云杉

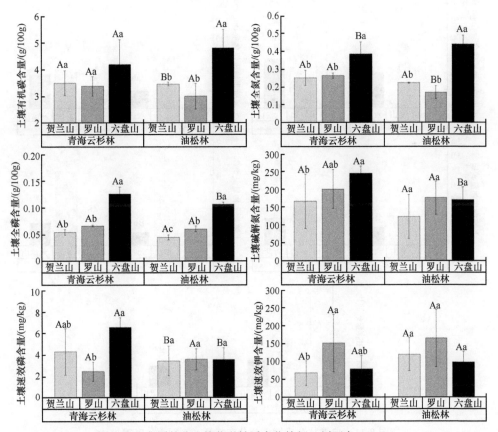

图 8-10　典型林分土壤化学性质变化特征（刘丽贞，2021）

不同大写字母表示同一山地不同林分间差异显著（$P<0.05$）；不同小写字母表示同一林分不同山地间差异显著（$P<0.05$）

林土壤全氮含量表现为六盘山＞罗山＞贺兰山，油松林土壤全氮含量表现为六盘山＞贺兰山＞罗山。不同山地间青海云杉林和油松林土壤全磷含量均表现为六盘山＞罗山＞贺兰山。罗山两种林分的土壤全氮含量与六盘山两种林分的土壤全氮含量和土壤全磷含量均达到显著水平（$P<0.05$）。

对不同山地青海云杉林和油松林土壤化学特征研究（图8-10）可知，不同山地间青海云杉林土壤碱解氮含量表现为六盘山＞罗山＞贺兰山，油松林土壤碱解氮含量表现为罗山＞六盘山＞贺兰山。贺兰山两种林分的土壤速效磷含量、六盘山中两种林分的土壤碱解氮含量与土壤速效磷含量均差异显著（$P<0.05$）。土壤速效钾含量为 67.93～164.36mg/kg。青海云杉林和油松林在不同山地间均为罗山土壤速效钾含量最高。

对青海云杉林与油松林不同山地土壤养分分布特征的研究（图8-11）显示，两种典型林分土壤微生物量碳含量在不同山地中的表现不同，青海云杉林土壤微

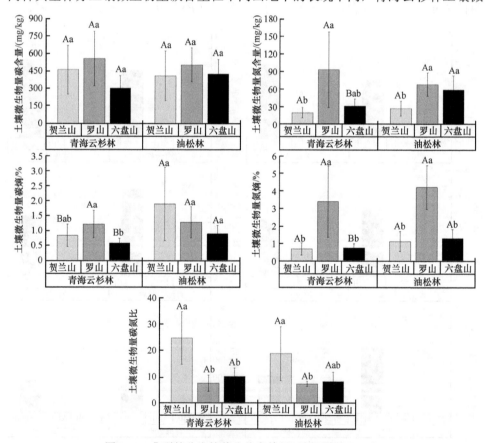

图8-11　典型林分土壤养分分布特征（刘丽贞，2021）

不同大写字母表示同一山地不同林分间差异显著（$P<0.05$）；不含相同小写字母表示同一林分不同山地间差异显著（$P<0.05$）

生物量碳含量表现为罗山＞贺兰山＞六盘山，油松林土壤微生物量碳含量表现为罗山＞六盘山＞贺兰山。青海云杉林与油松林土壤微生物量氮含量均表现为罗山＞六盘山＞贺兰山，不同山地间青海云杉林和油松林土壤微生物量氮含量存在差异。由相同山地中不同林分的比较可知，六盘山两种典型林分土壤微生物量氮含量的差异达到显著水平（$P<0.05$）。

青海云杉林土壤微生物量碳熵表现为罗山＞贺兰山＞六盘山，油松林土壤微生物量碳熵表现为贺兰山＞罗山＞六盘山。比较相同山地不同林分土壤微生物量碳熵发现，贺兰山和六盘山均表现为油松林＞青海云杉林。两种典型林分土壤微生物量氮熵在不同山地中的表现相同，青海云杉林和油松林土壤微生物量氮熵均表现为罗山＞六盘山＞贺兰山，且不同山地间存在明显差异。比较相同山地不同林分土壤微生物量氮熵发现，贺兰山、罗山和六盘山均表现为油松林＞青海云杉林。青海云杉林和油松林土壤微生物量碳氮比均表现为贺兰山＞六盘山＞罗山，且不同山地间存在明显差异。对相同山地中不同林分的比较可知，三山土壤微生物量碳氮比变化相似，均表现为青海云杉林＞油松林。

8.3.6　典型林分土壤 C 含量、N 含量、P 含量及其化学计量特征与土壤 δ^{13}C 的相关分析

山地变化对典型林分土壤 C、N、P 化学计量的影响如图 8-12 所示。青海云杉林土壤 C：N 呈现贺兰山＞罗山＞六盘山的趋势，而油松林土壤 C：N 呈现罗山＞贺兰山＞六盘山的趋势，典型林分土壤 C：N 在三山中存在差异。由相同山地中典型林分的比较可知，贺兰山、罗山和六盘山土壤 C：N 均表现为油松林＞青海云杉林。典型林分土壤 C：P 均呈现贺兰山＞罗山＞六盘山的趋势。对相同山地中典型林分的比较可知，贺兰山和六盘山土壤 C：P 均表现为油松林＞青海云杉林，罗山土壤 C：P 表现为青海云杉林＞油松林。青海云杉林土壤 N：P 呈现贺兰山＞罗山＞六盘山的趋势，而油松林土壤 N：P 呈现贺兰山＞六盘山＞罗山的趋势，典型林分土壤 N：P 在三山中存在显著差异性（$P<0.05$）。对相同山地中典型林分的比较可知，贺兰山和六盘山土壤 N：P 均表现为油松林＞青海云杉林，罗山土壤 N：P 表现为青海云杉林＞油松林，且罗山典型林分间差异显著（$P<0.05$）。

对典型林分土壤 δ^{13}C 与 C 含量、N 含量、P 含量及其化学计量相关分析（图 8-13）的结果表明，土壤 C 含量与土壤 N 含量和土壤 P 含量呈显著正相关（$P<0.05$），与土壤 C：N 呈显著负相关（$P<0.05$）。土壤 N 含量与土壤 P 含量呈显著正相关（$P<0.05$），与土壤 C：N 呈显著负相关（$P<0.05$）。土壤 P 含量与土壤 C：N 和土壤 C：P 呈显著负相关（$P<0.05$）。土壤 C：N 与土壤 C：P 呈显著正相关（$P<0.05$）。土壤 C：P 与土壤 N：P 呈显著正相关（$P<0.05$）。

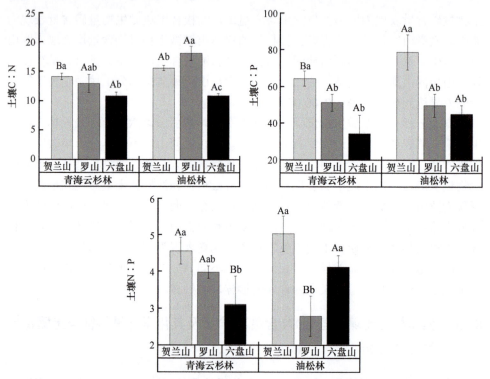

图 8-12 典型林分土壤 C、N、P 化学计量的特征（刘丽贞，2021）

不同大写字母表示同一山地不同林分间差异显著（$P<0.05$）；不含相同小写字母表示同一林分不同山地间差异显著（$P<0.05$）

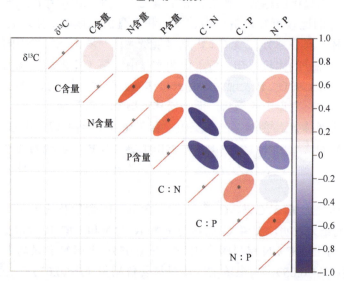

图 8-13 典型林分土壤 $\delta^{13}C$ 与土壤 C 含量、N 含量、P 含量及其化学计量的相关矩阵（刘丽贞，2021）

*表示显著相关（$P<0.05$），且红色表示正相关，蓝色表示负相关，颜色越深相关系数绝对值越大

8.3.7　宁夏典型林分土壤 δ¹³C 的影响因素

8.3.7.1　青海云杉林土壤理化特征、生物学特征的相关分析

对青海云杉林土壤理化特征、生物学特征的相关分析（图 8-14）表明，土壤 pH 与土壤电导率和土壤微生物量碳氮比显著正相关，与土壤湿度、土壤温度、土壤粉粒含量、土壤全氮含量、土壤全磷含量、土壤速效氮含量、土壤速效磷含量、土壤微生物量氮含量和土壤微生物量氮熵显著负相关。土壤湿度与土壤温度、土壤粉粒含量、土壤全氮含量、土壤全磷含量、土壤速效氮含量、土壤速效磷含量、土壤微生物量氮含量和土壤微生物量氮熵显著正相关，与土壤电导率和土壤微生物量碳氮比显著负相关。土壤容重与土壤有机碳含量和土壤速效氮含量显著负相

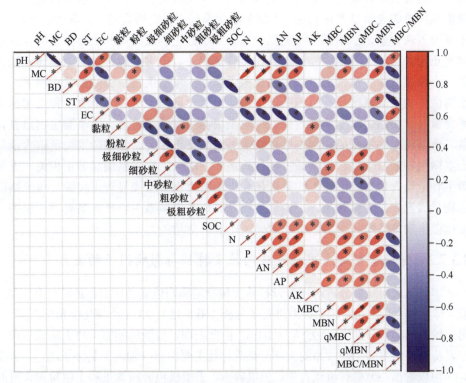

图 8-14　青海云杉林土壤理化特征与生物学特征的相关分析（刘丽贞，2021）

pH：土壤 pH；MC：土壤湿度；BD：土壤容重；ST：土壤温度；EC：土壤电导率；黏粒：土壤黏粒含量；粉粒：土壤粉粒含量；极细砂粒：土壤极细砂粒含量；细砂粒：土壤细砂粒含量；中砂粒：土壤中砂粒含量；粗砂粒：土壤粗砂粒含量；极粗砂粒：土壤极粗砂粒含量；SOC：土壤有机碳含量；N：土壤全氮含量；P：土壤全磷含量；AN：土壤速效氮含量；AP：土壤速效磷含量；AK：土壤速效钾含量；MBC：土壤微生物量碳含量；MBN：土壤微生物量氮含量；qMBC：土壤微生物量碳熵；qMBN：土壤微生物量氮熵；MBC/MBN：土壤微生物量碳氮比，本章后同。

*表示显著相关（$P<0.05$），且红色表示正相关，蓝色表示负相关，颜色越深相关系数绝对值越大

关。土壤温度与土壤黏粒含量、土壤粉粒含量、土壤全氮含量、土壤全磷含量和土壤微生物量氮熵显著正相关，与土壤电导率、土壤细砂粒含量和土壤微生物量碳氮比显著负相关。土壤电导率与土壤微生物量碳氮比显著正相关，与土壤全氮含量、土壤全磷含量、土壤速效氮含量、土壤速效磷含量和土壤微生物量氮熵显著负相关。土壤黏粒含量与土壤中砂粒含量和土壤速效钾含量显著正相关，与土壤极细砂粒含量和土壤细砂粒含量显著负相关。土壤粉粒含量与土壤细砂粒含量、土壤粗砂粒含量和土壤极粗砂粒含量呈显著负相关。土壤极细砂粒含量与土壤细砂粒含量、土壤微生物量碳含量和土壤微生物量碳熵显著正相关，与土壤中砂粒含量和土壤粗砂粒含量呈显著负相关。土壤细砂粒含量与土壤微生物量碳含量和土壤微生物量碳熵显著正相关。土壤中砂粒含量与土壤粗砂粒含量显著正相关，与土壤微生物量碳熵显著负相关。土壤粗砂粒含量与土壤极粗砂粒含量显著正相关。土壤有机碳含量与土壤速效氮含量、土壤速效磷含量、土壤速效钾含量和土壤微生物量碳含量显著正相关。土壤全氮含量与土壤全磷含量、土壤速效氮含量、土壤速效磷含量、土壤微生物量氮含量、土壤微生物量碳熵和土壤微生物量氮熵显著正相关，与土壤微生物量碳氮比显著负相关。土壤全磷含量与土壤速效氮含量、土壤速效磷含量、土壤微生物量氮含量和土壤微生物量氮熵显著正相关，与土壤微生物量碳氮比显著负相关。土壤速效氮含量与土壤速效磷含量和土壤速效钾含量显著正相关。土壤速效磷含量与土壤微生物量碳含量、土壤微生物量氮含量、土壤微生物量碳熵和土壤微生物量氮熵显著正相关。土壤微生物量碳含量与土壤微生物量氮含量、土壤微生物量碳熵和土壤微生物量氮熵显著正相关。土壤微生物量氮含量与土壤微生物量碳熵和土壤微生物量氮熵显著正相关，与土壤微生物量碳氮比显著负相关。土壤微生物量碳熵与土壤微生物量氮熵显著正相关。土壤微生物量氮熵与土壤微生物量碳氮比显著负相关。

8.3.7.2 青海云杉林土壤稳定碳同位素特征与影响因子的关系

本研究采用冗余分析对青海云杉林土壤稳定碳同位素特征（土壤 $\delta^{13}C$ 和土壤 β 值）与土壤因子之间的相关关系进行了分析（图 8-15）。23 个土壤化学指标在第一、第二轴的解释量分别为 99.95%、0.04%，由此表明，前两轴能够反映土壤稳定碳同位素特征与土壤因子间关系的大部分信息，且主要由第一轴内土壤因子决定。从图 8-15 可以看出，土壤有机碳含量、土壤容重、土壤极粗砂粒含量和土壤粉粒含量的箭头连线较长，表明土壤有机碳含量、土壤容重、土壤极粗砂粒含量和土壤粉粒含量能够较好地解释青海云杉土壤稳定碳同位素特征的差异。土壤 pH、土壤极粗砂粒含量、土壤粗砂粒含量、土壤细砂粒含量和土壤电导率与土壤 $\delta^{13}C$ 的夹角小于90°且方向一致，呈正相关；土壤湿度、土壤微生物量氮熵、土壤微生物量氮含量、土壤粉粒含量和土壤全磷含量与土壤 $\delta^{13}C$ 呈负相关。土壤容重、土壤温度、土壤中砂粒含量、土壤电导率和土壤粗砂粒含量与土壤 β 值夹角小于 90°且方向一致，呈正相关；土壤有机碳含量、土壤速效氮含量、土壤速效磷含量、土壤速效钾含量、土壤全氮含量、土壤微生物量氮含量和土壤微生物量碳含量与土壤 β 值呈负相关。

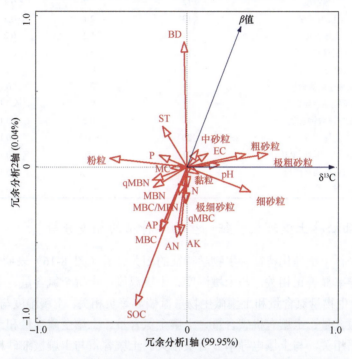

图 8-15　青海云杉林土壤稳定碳同位素特征与土壤因子的冗余分析（刘丽贞，2021）

β 值：土壤 β 值；δ^{13}C：土壤 δ^{13}C，本章后同

本研究通过对青海云杉林土壤因子进行蒙特卡罗检验排序，研究了土壤性状指标对土壤稳定碳同位素特征影响的重要程度。由表 8-4 可知，土壤极粗砂粒含量和土壤粉粒含量显著影响土壤稳定碳同位素特征（$P<0.05$），解释量分别为 30.3%和 27.3%；其他土壤因子对土壤稳定碳同位素特征影响均不显著。

表 8-4　青海云杉林土壤性状指标解释的重要性排序和显著性检验（刘丽贞，2021）

土壤性状指标	重要性排序	解释量/%	F 值	P 值
土壤极粗砂粒含量	1	30.3	7.0	0.020
土壤粉粒含量	2	27.3	6.0	0.022
土壤细砂粒含量	3	18.6	3.6	0.084
土壤粗砂粒含量	4	16.0	3.0	0.118
土壤有机碳含量	5	12.1	2.2	0.172
土壤微生物量氮熵	6	5.4	5.4	0.356
土壤微生物量氮含量	7	5.1	0.9	0.408
土壤 pH	8	4.8	0.8	0.332
土壤全磷含量	9	3.5	0.6	0.476
土壤微生物量碳含量	10	3.4	0.6	0.500

续表

土壤性状指标	重要性排序	解释量/%	F 值	P 值
土壤速效磷含量	11	3.1	0.5	0.480
土壤温度	12	2.7	0.4	0.504
土壤电导率	13	2.1	0.3	0.588
土壤湿度	14	1.2	0.2	0.670
土壤黏粒含量	15	0.6	0.1	0.722
土壤中砂粒含量	16	0.6	<0.1	0.760
土壤速效氮含量	17	0.5	<0.1	0.784
土壤极细砂粒含量	18	0.3	<0.1	0.838
土壤速效钾含量	19	0.2	<0.1	0.838
土壤容重	20	<0.1	<0.1	0.912
土壤微生物量碳氮比	21	<0.1	<0.1	0.982
土壤微生物量碳熵	22	<0.1	<0.1	1.000
土壤全氮含量	23	<0.1	<0.1	1.000

8.3.7.3 油松林土壤理化特征、生物学特征的相关分析

对油松林土壤理化特征、生物学特征的相关分析（图 8-16）表明，土壤 pH 与土壤电导率显著正相关，与土壤湿度、土壤温度、土壤全氮含量、土壤全磷含量、土壤微生物量氮含量和土壤微生物量氮熵显著负相关。土壤湿度与土壤温度、土壤粗砂粒含量、土壤有机碳含量、土壤全氮含量、土壤全磷含量和土壤速效氮含量显著正相关，与土壤电导率显著负相关。土壤容重与土壤极细砂粒含量和土壤全氮含量显著正相关，与土壤黏粒含量、土壤粉粒含量、土壤速效氮含量和土壤速效钾含量显著负相关。土壤温度与土壤有机碳含量、土壤全氮含量、土壤全磷含量和土壤速效氮含量显著正相关，与土壤电导率显著负相关。土壤电导率与土壤微生物量碳氮比显著正相关，与土壤有机碳含量、土壤全氮含量、土壤全磷含量、土壤速效氮含量、土壤速效磷含量、土壤微生物量氮含量和土壤微生物量氮熵显著负相关。土壤黏粒含量与土壤极粗砂粒含量和土壤速效钾含量显著正相关，与土壤极细砂粒含量和土壤细砂粒含量显著负相关。土壤粉粒含量与土壤中砂粒含量和土壤粗砂粒含量显著负相关。土壤极细砂粒含量与土壤细砂粒含量显著正相关，与土壤极粗砂粒含量和土壤速效钾含量显著负相关。土壤细砂粒含量与土壤极粗砂粒含量显著负相关。土壤中砂粒含量与土壤粗砂粒含量显著正相关。土壤粗砂粒含量与土壤极粗砂粒含量显著正相关。土壤极粗砂粒含量与土壤微生物量碳含量显著负相关。土壤有机碳含量与土壤全磷含量、土壤速效氮含量、土壤速效磷含量和土壤速效钾含量显著正相关。土壤全氮含量与土壤全磷含量和土壤微生物量氮熵显著正相关。土壤全磷含量与土壤速效氮含量和土壤微生物量氮熵显著正相关。土壤速效氮含量与土壤速效磷含量和土壤速效钾含量显著正相关。

土壤微生物量碳含量与土壤微生物量碳熵显著正相关。土壤微生物量氮含量与土壤微生物量氮熵显著正相关，与土壤微生物量碳氮比显著负相关。土壤微生物量碳熵与土壤微生物量碳氮比显著正相关。土壤微生物量氮熵与土壤微生物量碳氮比显著负相关。

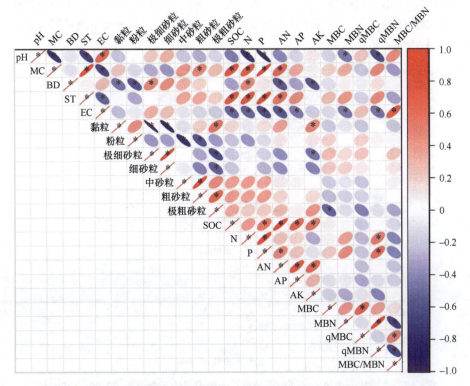

图 8-16　油松林土壤理化特征和生物学特征的相关性分析（刘丽贞，2021）

*表示显著相关（$P<0.05$），且红色表示正相关，蓝色表示负相关，颜色越深相关系数绝对值越大

8.3.7.4　油松林土壤稳定碳同位素特征与影响因子的关系

本研究采用冗余分析对油松林土壤稳定碳同位素特征（土壤 $\delta^{13}C$ 和土壤 β 值）与土壤因子之间的相关关系进行了分析（图 8-17）。23 个土壤化学指标在第一、第二轴的解释量分别为 99.89%、0.11%，由此表明，前两轴能够反映土壤稳定碳同位素特征与土壤因子间关系的全部信息，且主要由第一轴内土壤因子决定。从图 8-17 可以看出，土壤有机碳含量、土壤速效氮含量、土壤湿度和土壤电导率的箭头连线较长，表明土壤有机碳含量、土壤速效氮含量、土壤湿度和土壤电导率能够较好地解释油松林土壤稳定碳同位素特征的差异。土壤容重、土壤 pH、土壤极细砂粒含量、土壤细砂粒含量、土壤微生物量氮含量和土壤速效磷含量与土壤 $\delta^{13}C$ 的夹角

小于 90°且方向一致，呈正相关；土壤微生物量碳熵、土壤微生物量碳含量、土壤粗砂粒含量、土壤微生物量氮熵、土壤中砂粒含量、土壤黏粒含量、土壤粉粒含量、土壤湿度和土壤全磷含量与土壤 δ^{13}C 呈负相关。土壤微生物量碳熵、土壤微生物量碳氮比、土壤电导率、土壤 pH 与土壤 β 值夹角小于 90°且方向一致，呈正相关；土壤温度、土壤极粗砂粒含量、土壤粗砂粒含量、土壤有机碳含量、土壤速效氮含量、土壤速效磷含量、土壤速效钾含量、土壤全氮含量、土壤微生物量氮含量和土壤湿度与土壤 β 值呈负相关。

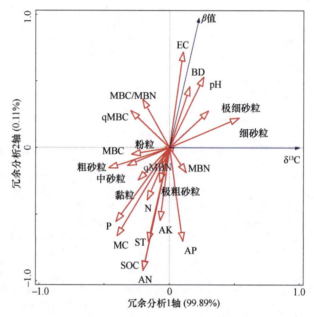

图 8-17　油松林土壤稳定碳同位素特征与土壤因子的冗余分析（刘丽贞，2021）

本研究通过对油松林土壤因子进行蒙特卡罗检验排序，研究了土壤性状指标对土壤稳定碳同位素特征影响的重要程度。由表 8-5 可知，土壤细砂粒含量显著影响土壤稳定碳同位素特征（$P<0.05$），解释量为 28.4%；其他土壤因子对土壤稳定碳同位素特征影响均不显著（$P>0.05$）。

表 8-5　油松林土壤性状指标解释的重要性排序和显著性检验（刘丽贞，2021）

土壤性状指标	重要性排序	解释量/%	F 值	P 值
土壤细砂粒含量	1	28.4	6.3	0.024
土壤粗砂粒含量	2	21.6	4.4	0.074
土壤全磷含量	3	16.7	3.2	0.084
土壤湿度	4	16.1	3.1	0.104
土壤中砂粒含量	5	10.4	1.8	0.182

续表

土壤性状指标	重要性排序	解释量/%	F 值	P 值
土壤极细砂粒含量	6	8.9	1.6	0.234
土壤微生物量碳熵	7	8.8	1.5	0.248
土壤微生物量碳含量	8	8.5	1.5	0.242
土壤 pH	9	6.8	1.2	0.288
土壤黏粒含量	10	5.7	1.0	0.326
土壤微生物量碳氮比	11	4.3	0.7	0.428
土壤有机碳含量	12	4.2	0.7	0.396
土壤速效氮含量	13	4.1	0.7	0.456
土壤全氮含量	14	2.9	0.5	0.516
土壤温度	15	2.7	0.4	0.550
土壤容重	16	2.4	0.4	0.550
土壤微生物量氮含量	17	1.6	0.3	0.624
土壤电导率	18	1.1	0.2	0.636
土壤速效磷含量	19	1.1	0.2	0.676
土壤极粗砂粒含量	20	0.5	<0.1	0.766
土壤速效钾含量	21	0.5	<0.1	0.772
土壤微生物量氮熵	22	0.3	<0.1	0.836
土壤粉粒含量	23	0.1	<0.1	0.906

8.3.7.5 宁夏典型林分土壤理化特征、生物学特征的相关分析

对宁夏典型林分土壤理化特征、生物学特征的相关分析（图 8-18）表明，土壤 pH 与土壤电导率、土壤细砂粒含量和土壤微生物量碳氮比显著正相关，与土壤湿度、土壤有机碳含量、土壤全氮含量、土壤全磷含量、土壤速效氮含量、土壤速效磷含量、土壤微生物量氮含量和土壤微生物量氮熵显著负相关。土壤湿度与土壤有机碳含量、土壤全氮含量、土壤全磷含量、土壤速效氮含量、土壤速效磷含量、土壤微生物量氮含量和土壤微生物量氮熵显著正相关，与土壤电导率、土壤细砂粒含量和土壤微生物量碳氮比显著负相关。土壤容重与土壤温度和土壤全氮含量显著正相关，与土壤有机碳含量、土壤速效氮含量、土壤速效磷含量和土壤速效钾含量显著负相关。土壤温度与土壤黏粒含量、土壤粉粒含量和土壤微生物量氮熵显著正相关，与土壤电导率和土壤微生物量碳氮比显著负相关。土壤电导率与土壤极细砂粒含量和土壤微生物量碳氮比显著正相关，与土壤全氮含量、土壤全磷含量、土壤速效氮含量、土壤速效磷含量、土壤微生物量氮含量和土壤微生物量氮熵显著负相关。土壤黏粒含量与土壤粉粒含量和土壤速效钾含量显著正相关，与土壤极细砂粒含量和土壤细砂粒含量显著负相关。土壤粉粒含量与土

壤极细砂粒含量、土壤细砂粒含量、土壤中砂粒含量、土壤粗砂粒含量和土壤极粗砂粒含量显著负相关。土壤极细砂粒含量与土壤细砂粒含量、土壤微生物量碳含量与土壤微生物量氮含量显著正相关，与土壤中砂粒含量、土壤粗砂粒含量、土壤极粗砂粒含量和土壤速效钾含量显著负相关。土壤细砂粒含量与土壤微生物量碳含量显著正相关，与土壤全磷含量和土壤速效钾含量显著负相关。土壤中砂粒含量与土壤粗砂粒含量和土壤极粗砂粒含量显著正相关，与土壤微生物量碳含量显著负相关。土壤粗砂粒含量与土壤极粗砂粒含量显著正相关。土壤极粗砂粒含量与土壤微生物量碳熵显著负相关。土壤有机碳含量与土壤全氮含量、土壤速效氮含量、土壤速效磷含量和土壤速效钾含量显著正相关。土壤全氮含量与土壤全磷含量、土壤速效氮含量、土壤速效磷含量、土壤微生物量氮含量和土壤微生物量氮熵显著正相关，与土壤微生物量碳氮比显著负相关。土壤全磷含量与土壤速效氮含量、土壤速效磷含量、土壤微生物量氮含量和土壤微生物量氮熵显著正相关，与土壤微生物量碳氮比显著负相关。土壤速效氮含量与土壤速效磷含量和土壤速效钾含量显著正相关。土壤速效磷含量与土壤微生物量碳含量和土壤微生物量氮含量显著正相关。土壤微生物量碳含量与土壤微生物量氮含量、土壤微生

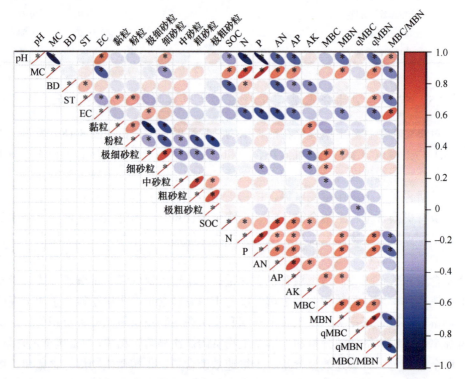

图 8-18　宁夏典型林分土壤理化特征和生物学特征相关性分析（刘丽贞，2021）

*表示显著相关（$P < 0.05$），且红色表示正相关，蓝色表示负相关，颜色越深相关系数绝对值越大

物量碳熵和土壤微生物量氮熵显著正相关。土壤微生物量氮含量与土壤微生物量氮熵显著正相关，与土壤微生物量碳氮比显著负相关。土壤微生物量氮熵与土壤微生物量碳氮比显著负相关。

8.3.7.6　宁夏典型林分土壤稳定碳同位素特征与影响因子的关系

本研究采用冗余分析对宁夏典型林分土壤稳定碳同位素特征（土壤 $\delta^{13}C$ 和土壤 β 值）与土壤因子之间的相关关系进行了研究（图 8-19）。23 个土壤化学指标在第一、第二轴的解释量分别为 96.44%、0.03%，由此表明，前两轴能够反映土壤稳定碳同位素特征与土壤因子间关系的大部分信息，且主要由第一轴内土壤因子决定。从图 8-19 可以看出，土壤有机碳含量、土壤速效氮含量、土壤速效磷含量、土壤湿度和土壤容重的箭头连线较长，表明土壤有机碳含量、土壤速效氮含量、土壤速效磷含量、土壤湿度和土壤容重能够较好地解释宁夏典型林分土壤稳定碳同位素特征的差异。土壤温度、土壤 pH、土壤细砂粒含量、土壤黏粒含量、土壤微生物量碳熵和土壤速效钾含量与土壤 $\delta^{13}C$ 的夹角小于 90°且方向一致，呈正相关；土壤微生物量碳氮比、土壤极细砂粒含量、土壤粗砂粒含量、土壤微生物量氮含量、土壤微生物量碳含量、土壤全磷含量、土壤湿度、土壤极粗砂粒含

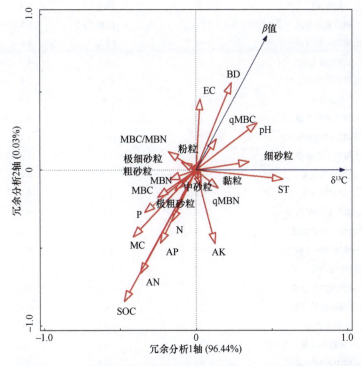

图 8-19　宁夏典型林分土壤稳定碳同位素特征与土壤因子的冗余分析（刘丽贞，2021）

量、土壤有机碳含量、土壤速效氮含量、土壤速效磷含量和土壤全氮含量与土壤 $\delta^{13}C$ 呈负相关。土壤电导率、土壤容重、土壤微生物量碳熵、土壤 pH、土壤温度和土壤细砂粒含量与土壤 β 值夹角小于 90°且方向一致，呈正相关；土壤有机碳含量、土壤速效氮含量、土壤速效磷含量、土壤速效钾含量、土壤全氮含量和土壤湿度与土壤 β 值呈负相关。

本研究通过对宁夏典型林分土壤因子进行蒙特卡罗检验排序，研究了土壤性状指标对土壤稳定碳同位素特征影响的重要程度。如表 8-6 所示，土壤温度、土壤有机碳含量、土壤湿度、土壤 pH、土壤速效氮含量、土壤细砂粒含量和土壤全磷含量显著/极显著影响土壤稳定碳同位素特征，解释量分别为 33.0%、22.4%、17.3%、16.4%、13.6%、12.3%、11.6%；其他土壤因子对土壤稳定碳同位素特征影响均不显著。

表 8-6 宁夏典型林分土壤性状指标解释的重要性排序和显著性检验（刘丽贞，2021）

土壤性状指标	重要性排序	解释量/%	F 值	P 值
土壤温度	1	33.0	15.8	0.004
土壤有机碳含量	2	22.4	9.4	0.004
土壤湿度	3	17.3	6.8	0.018
土壤 pH	4	16.4	6.4	0.014
土壤速效氮含量	5	13.6	5.1	0.026
土壤细砂粒含量	6	12.3	4.6	0.044
土壤全磷含量	7	11.6	4.3	0.040
土壤微生物量碳含量	8	6.4	2.2	0.156
土壤容重	9	5.6	1.9	0.200
土壤速效磷含量	10	5.5	1.9	0.200
土壤微生物量碳氮比	11	3.3	1.1	0.322
土壤粗砂粒含量	12	3.1	1.0	0.318
土壤全氮含量	13	2.4	0.8	0.372
土壤黏粒含量	14	2.2	0.7	0.438
土壤微生物量氮含量	15	1.9	0.6	0.412
土壤微生物量碳熵	16	1.9	0.6	0.452
土壤速效钾含量	17	1.6	0.5	0.500
土壤极细砂粒含量	18	0.9	0.3	0.584
土壤微生物量氮熵	19	0.1	<0.1	0.856
土壤极粗砂粒含量	20	<0.1	<0.1	0.844
土壤电导率	21	<0.1	<0.1	0.866
土壤粉粒含量	22	<0.1	<0.1	0.908
土壤中砂粒含量	23	<0.1	<0.1	0.904

8.3.8　讨论

8.3.8.1　三山典型林分土壤 $\delta^{13}C$ 变化特征

研究发现，随降水量的增加，植被凋落物和根系的分解率显著下降，从而造成土壤碳输入减少、土壤 $\delta^{13}C$ 较小（Zhao et al.，2019；Wang et al.，2018）。本研究区土壤 $\delta^{13}C$ 平均值是−24.91‰，相比年平均降水量1050mm 的美国肯塔基州（−25.88‰）和年平均降水量1220mm 的阿巴拉契亚山脉（−27.08‰）温带森林的结果偏正，这与 Acton 等（2013）和 Amundson 等（1994）在墨西哥加利福尼亚的研究结果一致。本研究中相比于贺兰山和罗山，六盘山有机碳分解速率较快，分析原因主要是六盘山年平均降水量较高，而较高的降水量有利于微生物的活动、养分的溶解转移，进而有利于土壤有机碳的周转和迁移。此外，司高月等（2017）和刁浩宇等（2019）研究表明，树种通过其凋落物数量和质量、根系分泌物的输入等改变土壤碳分解过程。三山中青海云杉林土壤碳分解速率大于油松林，究其原因，青海云杉林的林下植被凋落物较丰富，为微生物的分解提供了丰富的有机质，微生物的分解作用较为迅速。同时，高土壤碳分解速率与地形坡度和年平均降水量有关。青海云杉林平均坡度较油松林更大，且在三山中降水量更高，产生的溶解性有机碳更易于随坡面降水与地表径流流失，最终导致土壤碳分解速率更快。由上可知，在宁夏山地生态系统中，青海云杉林土壤固碳潜力高于油松林，因此青海云杉林更有利于在气候变化下维持生态系统稳定性。同时，在宁夏山地生态系统中，应保护林下可为土壤提供充足碳源的新鲜凋落物层，以提高土壤碳蓄积量。然而，土壤 $\delta^{13}C$ 与 lg SOC 模型只能定性描述土壤有机碳分解速率，目前仅可用来比较大小，而实际碳分解速率的差异并不大，未来的研究须结合^{13}C与^{14}C人工标记示踪技术来弥补这一不足。

8.3.8.2　典型林分土壤物理、化学和生物学特征

土壤粒径分布特征与土壤水分运移、养分分解与转移状况等关系密切，是生态系统中重要的土壤物理属性之一（Jin et al.，2013）。本研究中不同山地林分间土壤粒径组成存在明显差异，土壤粒径组成主要集中在粉粒和极细砂粒，二者所占比例为 64.60%～83.74%，而黏粒所占比例非常小。分析原因可能是林木冠层可削减风速，从而有效地减小土壤风蚀作用。同时，林下凋落物可保护土壤，抑制风沙活动，提升土壤结构的稳定性。这与陈宇轩等（2020）对樟子松人工林土壤粒径分布特征的研究结果一致。

土壤养分主要来源于植被根系分泌物和枯落物的分解，主要受地上林分和地

表资源再分配的影响（张义凡，2018）。本研究中六盘山针叶林群落结构复杂，生态系统稳定性较强，林下凋落物富集，土壤养分输入较多，而贺兰山与罗山中青海云杉林与油松林冠层稀疏，群落结构单一，林下凋落物与土壤养分输入较少。此外，庞丹波（2019）研究发现，不同林分的凋落物数量与质量的差异可影响土壤有机碳的矿化速率，进而导致养分输入的差别。本研究中相比于贺兰山与罗山，六盘山中青海云杉林与油松林两种林分的土壤有机碳含量、土壤全氮含量和土壤全磷含量均较高。这可能因为六盘山较高的植物多样性能够为土壤中分解者提供更加充足的营养，进而产生更多的土壤有机碳、全氮和全磷。这与庞丹波（2019）对其他区域土壤养分的研究结果基本一致。土壤速效养分含量高，则土壤肥力高。速效养分矿化迁移速度较快，其累积与消耗易受微生物分解作用等的影响（杨苏等，2020）。本研究中土壤全磷含量与土壤速效磷含量较其他养分含量低且在不同山地生态系统中的差异小，这与自然界中磷元素的稳定性有关，本研究结果与张义凡（2018）对宁夏荒漠草原土壤全磷含量与土壤速效磷含量的研究结果相似。

土壤微生物量受生态系统内外环境因子的共同影响，是表征土壤养分循环与土壤性质变化的重要生物学指标。两种典型林分——青海云杉林和油松林因向土壤输入根系分泌物和凋落物的质量和数量不同，而造成微生物能源来源的差异，最终导致土壤微生物量的不同。本研究中，罗山两种典型林分土壤微生物量碳含量和土壤微生物量氮含量均高于贺兰山与六盘山。这可能是因为：在罗山，青海云杉林和油松林是山地生态系统中主要的林分，长势良好，且向土壤输送大量的根系分泌物和凋落物，最终导致土壤微生物量的增多。这与张义凡（2018）在荒漠草原典型植物群落下对土壤微生物特征的研究结果一致，即生态系统中主要的林分与土壤微生物量的相关性密切。土壤微生物量熵可反映元素在土壤中周转的快慢，熵值越高，说明微生物对该元素的利用效率越高（庞丹波，2019）。本研究中贺兰山与六盘山土壤微生物量碳熵以油松林较高，青海云杉林较低。三山不同林分土壤微生物量氮熵趋势相似，均表现为油松林＞青海云杉林。

8.3.8.3 典型林分土壤物理、化学和生物学特征对土壤 $\delta^{13}C$ 的影响

张维砚（2012）研究表明，在土壤有机质分解过程中土壤微生物发挥着重要作用，较多土壤微生物利于 ^{13}C 的富集，同时土壤酸碱度、土壤电导率和土壤含水量对土壤微生物的数量具有决定性作用，因此，土壤酸碱度、土壤电导率和土壤含水量对土壤 $\delta^{13}C$ 影响明显。本研究中，土壤 $\delta^{13}C$ 和土壤 β 值均与土壤电导率和土壤酸碱度呈正相关，这是因为较高的土壤酸碱度和土壤电导率有利于微生物分解，促进 ^{13}C 的增加，从而使土壤 $\delta^{13}C$ 增加，这与 Liu 等（2017）和张维砚（2012）的研究结果一致。在本研究中，土壤 $\delta^{13}C$ 和土壤 β 值均随土壤含水量的增加而减少，可能是因为土壤水的有限可用性降低了溶质的流动性，限制了分解

者的底物供应,并直接抑制了微生物的生长,潮湿生态系统中的碳分解率高于干旱生态系统,最终导致土壤 $\delta^{13}C$ 和土壤 β 值均与土壤含水量呈负相关(Acton et al.,2013;Wang et al.,2018;Murphy et al.,1998),这与前人的研究结果(Zhao et al.,2019;Amundson et al.,1994;张维砚,2012)一致。

土壤质地也会影响土壤 $\delta^{13}C$ 和土壤 β 值。Sollins 等(2009)研究发现,粗质地土壤的土壤 $\delta^{13}C$ 高于细质地土壤的,因为在富含 ^{13}C 的土壤中有机碳易被微生物吸收,并通过土壤剖面中细矿物的相互作用而稳定下来。本研究中,宁夏典型林分土壤 $\delta^{13}C$ 与土壤细砂粒含量呈正相关,与土壤中砂粒含量、土壤极细砂粒含量、土壤粗砂粒含量和土壤极粗砂粒含量呈负相关,这与 Bird 等(2002)对西伯利亚地区土壤质地与土壤 $\delta^{13}C$ 的关系的研究结果一致。本研究中,宁夏典型林分土壤 β 值与土壤容重和土壤细砂粒含量呈正相关,与土壤黏粒含量、土壤粗砂粒含量、土壤极粗砂粒含量呈负相关。这可能是因为黏粒对土壤有机质的稳定作用导致沿土壤剖面的同位素分馏较小,土壤黏粒含量增加可能会导致土壤有机质运输路径的阻断,这可能会削弱土壤物理混合过程,导致有机碳分解速率较小(McDowell-Boyer et al.,1986)。土壤容重和土壤砂粒含量较低的土壤,毛细孔隙较多,总孔隙度较高,使得土壤含有较多的充气孔隙,有利于有机碳的分解。较高的土壤碳分解速率代表较低的土壤 β 值,因此,土壤容重和土壤砂粒含量均与土壤 β 值呈正相关(Dlamini et al.,2014;Anh et al.,2014)。

北半球中高纬度干旱和半干旱地区的亚高山山地生态系统通常被认为是对气候变化最敏感和脆弱的生态系统,是研究气候变化下有机碳循环的理想地区。有研究表明,土壤化学特征显著影响土壤 $\delta^{13}C$(Zhao et al.,2019;Alberto et al.,2013)。Zhao 等(2019)研究表明,氮、磷元素均可加剧微生物分解,加速对土壤有机碳的利用,土壤全氮含量和土壤全磷含量与土壤 $\delta^{13}C$、土壤 β 值均呈负相关,这可能是由于微生物分解受到底物质量的限制,土壤养分高,微生物的分解速度就较快。本研究中土壤全氮含量和土壤全磷含量与土壤 $\delta^{13}C$、土壤 β 值均呈负相关,与 Wang 等(2018)和王天娇(2019)的研究结果相似。本研究发现宁夏典型林分土壤速效氮含量、土壤速效磷含量与土壤 $\delta^{13}C$、土壤 β 值呈负相关。分析其原因可能是土壤速效养分含量高,土壤肥力高,使土壤基质质量增加,微生物分解速率加快,且速效氮来源于土壤有机质中易碱解的氮素,通过微生物分解作用影响有机碳的累积与消耗,最终对土壤 $\delta^{13}C$、土壤 β 值产生影响(Jing et al.,2020)。

土壤微生物量是土壤 $\delta^{13}C$ 的来源之一,参与到土壤碳生物地球化学循环过程中,可反映复杂生物化学反应的强度与方向(井水水,2018)。本研究中宁夏典型林分土壤微生物量碳含量和土壤微生物量氮含量与土壤 $\delta^{13}C$、土壤 β 值均呈负相关,这一结论与张义凡(2018)的研究结果一致。Throckmorton 等(2012)研究表明,来自不同微生物群体生物量的周转可能不会发生变化。然而,Liang 等(2008)

与 Strickland 和 Rousk（2010）研究表明，不同的微生物类群可能在不同程度上影响土壤有机碳库的输入、组成和周转过程。同时，土壤微生物的质量、数量和分布情况是土壤理化性质、林分、气候因子和林窗等共同作用的结果，因此目前对于土壤理化性质与土壤 $\delta^{13}C$ 特征间关系的研究未得到统一结果。因此，土壤微生物量与土壤 $\delta^{13}C$ 特征之间的关系还需进一步研究。

8.4　叶片 $\delta^{13}C$、凋落物 $\delta^{13}C$ 和土壤 $\delta^{13}C$ 分馏程度

8.4.1　样方选择与样品采集

见 8.1.2 节。

8.4.2　数据处理

见 8.1.3 节。

8.4.3　叶片 $\delta^{13}C$、凋落物 $\delta^{13}C$ 和土壤 $\delta^{13}C$ 与山地和林分的关系

采用二元方差分析研究山地和林分对叶片、凋落物和土壤 $\delta^{13}C$ 的影响（表8-7），结果显示，山地对叶片 $\delta^{13}C$ 产生显著影响（$P<0.05$），山地对凋落物 $\delta^{13}C$ 产生极显著影响（$P<0.01$），山地、林分及二者交互作用对土壤 $\delta^{13}C$ 产生极显著影响（$P<0.01$）。

表 8-7　典型林分叶片 $\delta^{13}C$、凋落物 $\delta^{13}C$ 和土壤 $\delta^{13}C$ 二元方差分析（刘丽贞，2021）

变异源	叶片 $\delta^{13}C$		凋落物 $\delta^{13}C$		土壤 $\delta^{13}C$	
	F 值	P 值	F 值	P 值	F 值	P 值
山地	5.12	<0.05	27.45	<0.01	0.00	<0.01
林分	2.66	0.13	0.78	0.39	0.39	<0.01
山地×林分	1.34	0.30	0.41	0.67	0.67	<0.01

8.4.4　典型林分叶片 $\delta^{13}C$、凋落物 $\delta^{13}C$ 和土壤 $\delta^{13}C$ 分馏程度

典型林分叶片 $\delta^{13}C$、凋落物 $\delta^{13}C$ 和土壤 $\delta^{13}C$ 分馏程度如图 8-20 所示。青海云杉林与油松林叶片 $\delta^{13}C$ 与凋落物 $\delta^{13}C$ 呈线性正相关，斜率 α 分别为 0.40、0.51，$\alpha<1$ 时，反应物中轻同位素多于产物。青海云杉林与油松林凋落物 $\delta^{13}C$ 与土壤 $\delta^{13}C$ 呈线性正相关，斜率 α 分别为 1.05、3.61，$\alpha>1$ 时，反应物中重同位素多于

产物。其中，油松林凋落物 $\delta^{13}C$ 与土壤 $\delta^{13}C$ 的斜率 α 与 1 间的差距最大，说明凋落物和土壤间同位素分馏程度较大。

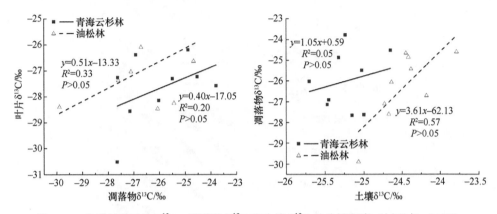

图 8-20　典型林分叶片 $\delta^{13}C$、凋落物 $\delta^{13}C$ 和土壤 $\delta^{13}C$ 的分馏程度（刘丽贞，2021）

8.4.5　典型林分叶片、凋落物和土壤 $\delta^{13}C$ 与 C 含量、N 含量、P 含量及其化学计量的相关性

典型林分叶片 $\delta^{13}C$、凋落物 $\delta^{13}C$ 和土壤 $\delta^{13}C$ 的相关分析如图 8-21 所示。从图中可看出，叶片 $\delta^{13}C$ 与 0～10cm 土层土壤 $\delta^{13}C$、20～40cm 土层土壤 $\delta^{13}C$、40～60cm 土层土壤 $\delta^{13}C$ 和 60～100cm 土层土壤 $\delta^{13}C$ 呈显著正相关（$P<0.05$）。0～10cm 土层土壤 $\delta^{13}C$ 与 10～20cm 土层土壤 $\delta^{13}C$、20～40cm 土层土壤 $\delta^{13}C$、40～60cm 土层土壤 $\delta^{13}C$ 和 60～100cm 土层土壤 $\delta^{13}C$ 呈显著正相关（$P<0.05$）。10～20cm 土层土壤 $\delta^{13}C$ 与 20～40cm 土层土壤 $\delta^{13}C$、40～60cm 土层土壤 $\delta^{13}C$ 和 60～100cm 土层土壤 $\delta^{13}C$ 呈显著正相关（$P<0.05$）。20～40cm 土层土壤 $\delta^{13}C$ 与 40～60cm 土层土壤 $\delta^{13}C$ 和 60～100cm 土层土壤 $\delta^{13}C$ 呈显著正相关（$P<0.05$）。40～60cm 土层土壤 $\delta^{13}C$ 与 60～100cm 土层土壤 $\delta^{13}C$ 呈显著正相关（$P<0.05$）。

典型林分叶片、凋落物与土壤 C 含量、N 含量、P 含量及其化学计量的相关分析如图 8-22 所示。由图 8-22 可以看出，叶片 C 含量与叶片 C∶N 显著正相关，与凋落物 P 含量显著负相关。叶片 N 含量与叶片 N∶P 显著正相关，与叶片 C∶N、土壤 C∶P 和土壤 N∶P 显著负相关。叶片 P 含量与叶片 C∶P 和凋落物 C∶P 显著负相关。叶片 C∶N 与叶片 C∶P、土壤 C 含量和土壤 N∶P 显著正相关，与叶片 N∶P 显著负相关。叶片 C∶P 与凋落物 C∶N 和凋落物 C∶P 显著正相关，与凋落物 P 含量显著负相关。凋落物 C 含量与凋落物 C∶N 和凋落物 C∶P 显著正相关，与凋落物 P 含量显著负相关。凋落物 N 含量与凋落物 N∶P 显著正相关，与凋落物 C∶N 显著负相关。凋落物 P 含量与土壤 N∶P 和凋落物 C∶P 显著负相

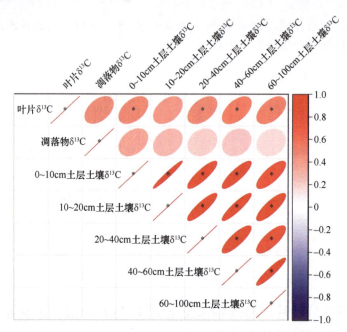

图 8-21　典型林分叶片 $\delta^{13}C$、凋落物 $\delta^{13}C$ 和土壤 $\delta^{13}C$ 的相关分析（刘丽贞，2021）

*表示显著相关（$P<0.05$），且红色表示正相关，蓝色表示负相关，颜色越深相关系数绝对值越大

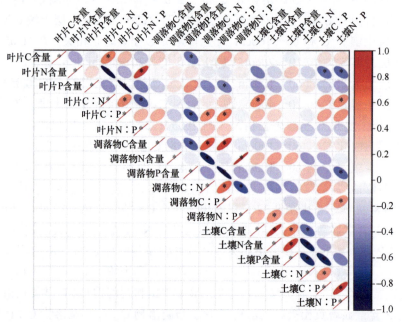

图 8-22　典型林分叶片、凋落物和土壤 C 含量、N 含量、P 含量及其化学计量的相关分析
（刘丽贞，2021）

*表示显著相关（$P<0.05$），且红色表示正相关，蓝色表示负相关，颜色越深相关系数绝对值越大

关。凋落物 C∶N 与凋落物 C∶P 显著正相关，与凋落物 N∶P 显著负相关。凋落物 C∶P 与土壤 N∶P 显著正相关。凋落物 N∶P 与土壤 N 含量显著正相关。土壤 C 含量与土壤 N 含量和土壤 P 含量显著正相关，与土壤 C∶N 显著负相关。土壤 N 含量与土壤 P 含量显著正相关，与土壤 C∶N 显著负相关。土壤 P 含量与土壤 C∶N 和土壤 C∶P 显著负相关。土壤 C∶N 与土壤 C∶P 显著正相关。土壤 C∶P 与土壤 N∶P 显著正相关。

8.4.6 讨论

稳定碳同位素是碳生物地球化学循环过程的综合指标，植物叶片 $\delta^{13}C$ 主要由植物本身的遗传特性决定，凋落物 $\delta^{13}C$ 受林分的直接影响，植物的凋落物及分解产物可转化为土壤有机质，经长期分解后土壤 $\delta^{13}C$ 是稳定的，表层土壤 $\delta^{13}C$ 反映了当前有机质输入（新碳），而深层土壤 $\delta^{13}C$ 反映了先前有机质输入（老碳）（Gautam et al.，2017）。本研究中，三山典型林分叶片 $\delta^{13}C$ 与凋落物 $\delta^{13}C$ 呈线性正相关，青海云杉林和油松林的斜率 α 分别为 0.40、0.51，说明从叶片到凋落物的过程中碳同位素分馏程度较小，证实宁夏山地生态系统青海云杉林和油松林的凋落物 $\delta^{13}C$ 主要来源于地表植物叶片。本研究中，青海云杉林与油松林凋落物 $\delta^{13}C$ 与土壤 $\delta^{13}C$ 呈线性正相关，其中，油松林凋落物 $\delta^{13}C$ 与土壤 $\delta^{13}C$ 的斜率 α 与 1 间的差距最大，表明油松林凋落物与土壤间同位素分馏程度较大。这可能是因为土壤有机质来源广泛，是多种植物的混合输入，而在凋落物转化为土壤有机质的过程中发生同位素的分馏，此外，C_3 植被外形高大，植物叶片及其凋落物对于整株植物而言对土壤有机碳的贡献比例小（张慧文，2010）。

一般认为，凋落物是森林土壤有机碳的主要来源，可为微生物的分解作用提供相对稳定的反应场所和大量的可利用底物，因此，凋落物 $\delta^{13}C$ 和土壤 $\delta^{13}C$ 呈正相关（喻阳华等，2018；Balesdent et al.，1993）。本研究中凋落物 $\delta^{13}C$ 和土壤 $\delta^{13}C$ 呈正相关但相关性不显著。究其原因在于凋落物向土壤输入新碳，新碳会与老碳混合，发生同位素混合效应（An et al.，2019b；Liao et al.，2006）。以上结果证明，凋落物是森林土壤有机碳的来源之一，但土壤 $\delta^{13}C$ 的来源存在复杂性，这一结果与喻阳华等（2018）在黔西北地区的研究结果相近。本研究中除 $10\sim20cm$ 土层，其余土层土壤 $\delta^{13}C$ 均与叶片 $\delta^{13}C$ 呈显著正相关，可能是因为土壤 $\delta^{13}C$ 同时受土壤理化性质和地上植被的影响，但在土壤样本中较难清晰分辨出对应的植物物种，这也给土壤 $\delta^{13}C$ 与叶片 $\delta^{13}C$ 相关性分析带来不确定因素。

在自然生态系统中，营养元素在植物和土壤之间循环。生物地球化学假说表明，土壤养分的有效性是叶片养分浓度的主要驱动力（Chen et al.，2013）。然而，很少有研究关注植物碳氮磷含量及其化学计量与土壤碳氮磷含量及其化学计量之间的关系（An et al.，2019b）。在本研究中，贺兰山、罗山和六盘山典型林分叶片 N 含量与土壤 N：P 显著负相关。可能是因为：一方面，植物养分受土壤养分有效性的限制；另一方面，土壤和植物之间存在养分再转移关系，这与 Bui 和 Henderson（2013）、An 等（2019a）与 Fan 等（2015）对宁夏盐池荒漠草原和亚热带人工林土壤碳、氮、磷元素化学计量的研究结果一致。在山地生态系统中，土壤养分化学计量与植物养分化学计量密切相关。本研究中，贺兰山、罗山和六盘山典型林分土壤 N：P 与叶片 C：N 和凋落物 C：P 均显著正相关，这与 An 等（2019b）和 Townsend 等（2007）对宁夏荒漠草原及热带雨林碳氮磷化学计量的研究结果一致。

利用稳定碳同位素技术研究宁夏贺兰山、罗山和六盘山典型林分青海云杉林和油松林植物叶片 $\delta^{13}C$、凋落物 $\delta^{13}C$ 和土壤 $\delta^{13}C$ 变化规律的结果表明，有机碳在叶片-凋落物-土壤连续体内同位素分馏作用程度不同。研究发现，叶片到凋落物的过程中碳同位素分馏程度较小，证实凋落物 $\delta^{13}C$ 主要来源于地表植物叶片，而油松林凋落物 $\delta^{13}C$ 与土壤 $\delta^{13}C$ 的同位素分馏程度较大。

第 三 篇

宁夏山地森林土壤有机碳含量维持机制

第9章 宁夏山地森林土壤有机碳含量维持的物理驱动机制

土壤团聚体是土壤结构的基本单位，其组成和稳定性在维持土壤结构、提高土壤质量中具有重要作用（彭新华等，2004）。作为土壤的主要组成部分，团聚体不仅能维持土壤孔隙、减少侵蚀和防止水土流失，还可以限制土壤中氧气扩散，保护土壤有机质，是衡量土壤质量的重要指标（Guo et al.，2019）。不同粒级团聚体的数量和比例对有机碳的保护作用不同，因此，不同粒级团聚体中有机碳具有不同的稳定性（Six et al.，2002）。通常，黏粉粒组分通过稳定的化学键与有机碳紧密结合，比微团聚体和大团聚体更稳定。团聚体分级构建理论提出土壤有机碳作为带电胶体，可以吸附矿质颗粒，作为团聚体的核心可促进团聚体的形成（王冰等，2021；闫雷等，2020）。Six 等（2002）研究发现，有机碳含量随团聚体粒径的增大而增大，而黄永珍等（2020）发现了相反的变化趋势，且 Yao 等（2019）指出团聚体有机碳含量的差异与不同粒级团聚体黏粒含量的变化有关。土壤团聚体形成过程是土壤固碳的重要途径之一，前人对于团聚体有机碳的分布及其变化特征已做了很多研究，但多集中于农田生态系统（李景等，2015），对森林团聚体有机碳的研究主要集中在不同林分（刘艳等，2013）、不同林龄（郑子成等，2013）以及不同管理方式（李鉴霖等，2014），对海拔梯度特别是干旱半干旱地区海拔梯度团聚体有机碳的研究较少。

贺兰山山体由西南向东北方向延伸，北起阿拉善左旗，南至宁夏中卫市照壁山，总面积 4100km^2，主峰 3556.15m。贺兰山位于我国温带草原与荒漠的过渡带，是我国西北地区重要的生态屏障之一，不仅削弱了西北高寒气流的东袭，还有效阻挡了腾格里沙漠的东移（季波，2015）。贺兰山位于东亚夏季季风边界，属于我国干旱半干旱地区，具有温带大陆性气候特征，年平均气温–0.8℃，年平均降水量 420mm，降水分布不均，多集中于 6～8 月（占全年降水量的 60%），年平均蒸发量 2000mm（李娜等，2016）。由于山体高大，年平均气温和年降水垂直分布特征明显，随海拔升高，年平均气温明显降低，年降水量增加。

贺兰山植被具有明显的垂直分布规律，随海拔的升高，植被类型依次为荒漠草原、山地疏林草原、针阔混交林、温性针叶林、寒性针叶林和高山草甸；土壤类型依次为风沙土、灰漠土、棕钙土、灰褐土、亚高山草甸土。主要树种有青海云杉、油松、杜松、旱榆、山杨等。植被群落包括针茅（*Stipa capillata*）+猪毛蒿

（*Artemisia scoparia*）群落、蒙古扁桃（*Prunus mongolica*）+狭叶锦鸡儿（*Caragana stenophylla*）群落、油松群落、油松+山杨群落、青海云杉群落和高寒草甸群落。土壤类型包括灰漠土、棕钙土、灰褐土、亚高山草甸土。

9.1 不同海拔土壤团聚体分布特征

9.1.1 研究样地

在宁夏贺兰山国家级自然保护区内，沿海拔升高（1380～2438m）由下至上分别选择 5 种典型植被：荒漠草原、蒙古扁桃灌丛、油松林、松杨混交林和青海云杉林设置 5 个实验样地，样地面积为 100m×100m。每个样地内随机布设 3 个样方：荒漠草原样方面积为 1m×1m；灌木样方为 5m×5m；乔木林样方为 20m×20m，不同样方之间至少间隔 20m。

9.1.2 土壤样品的采集

植被调查和土壤样品的采集时间为 2019 年 9 月。考虑山地土层厚度不均，不同样地取样深度统一为 0～40cm，样地基本概况见表 9-1。在每个样方内，选择能够反映样地基本特征、具有代表性的地段除去表面枯落物，采用五点取样法分两层（0～20cm 和 20～40cm）采样，将同一层的土样混合后带回实验室。同时，在相应剖面上用环刀取原状土用于容重测定，并取原状土小心装入铝盒带回，用于团聚体分析。

表 9-1 样地基本概况

样地	海拔/m	地理坐标	坡向	坡度/(°)	年平均气温/℃	年平均降水量/mm	植被	郁闭度	土壤类型	优势物种
样地 1	1380	38°41′16″N，105°58′39″E	N5°	12	9.2	145.0	荒漠草原	0.00	棕钙土	猪毛蒿、猪毛菜、针茅
样地 2	1650	38°44′42″N，105°56′9″E	NW30°	10	6.9	224.0	蒙古扁桃灌丛	0.20	灰漠土	蒙古扁桃、狭叶锦鸡儿、薄皮木（*Leptodermis oblonga*）
样地 3	2139	38°45′11″N，105°54′42″E	N30°	34	4.9	280.4	油松林	0.60	淋溶性灰褐土	油松、杜松、桷子
样地 4	2249	38°44′18″N，105°54′43″E	N30°	15	3.7	315.8	松杨混交林	0.55	淋溶性灰褐土	油松、杜松、山杨、青海云杉
样地 5	2438	38°46′25″N，105°54′3″E	NW30°	23	2.6	342.2	青海云杉林	0.60	淋溶性灰褐土	青海云杉、杜松、黄栌木、虎榛子（*Ostryopsis davidiana*）

9.1.3　土壤团聚体的测定

采集的沿土壤自然结构剖面直径为 10mm 的土块带回实验室，除去石块和粗根等杂质后自然风干，然后过 10mm 筛。过筛后的样品用湿筛法（Six et al.，2002）进行团聚体分离。具体方法为：称取 50g 风干土置于烧杯中，室温下用去离子水浸泡 5min 后移至团粒分析仪，依次通过 0.25mm 和 0.053mm 的套筛振荡 30min，振幅为 3cm。留在筛子上的团聚体组分洗入干净的培养皿，于 60℃烘箱烘干称重。土壤样品被分离为大团聚体（粒径＞0.25mm）、微团聚体（粒径 0.053～0.25mm）和黏粉粒（粒径＜0.053mm）。

9.1.4　不同海拔土壤团聚体的分布

各粒级土壤团聚体含量在贺兰山不同海拔存在差异。由图 9-1 可知，在 0～20cm 土层，微团聚体（粒径 0.053～0.25mm）为低海拔样地的主要团聚体，而大团聚体（粒径＞0.25mm）为中高海拔样地的主要团聚体。土壤大团聚体含量随海拔先升高后降低再升高，其变化范围为 27.90%～61.40%，且在海拔 2139m 最高，含量为 61.40%。微团聚体含量总体上呈随海拔升高先降低后升高的趋势，在海拔 2139m 含量最低，为 27.70%。土壤黏粉粒（粒径＜0.053mm）在低海拔（≤1650m）样地含量较高。在 20～40cm 土层，在海拔 2139m 处大团聚体含量最高，微团聚体含量和土壤黏粒含量最低；不同海拔土壤各粒级团聚体含量无明显变化规律。海拔对土壤团聚体在贺兰山的分布影响显著，土层深度仅对土壤黏粉粒影响显著，而海拔与土层深度的交互作用仅对土壤团聚体平均几何直径影响不显著（表 9-2）。

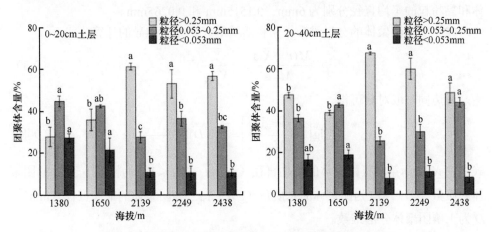

图 9-1　不同海拔土壤团聚体的分布（吴梦瑶等，2021a）

不含相同小写字母表示同一粒级不同海拔间显著差异（$P＜0.05$）

表 9-2   海拔和土层深度及其交互作用对土壤团聚体粒级分布和稳定性的方差分析

土壤团聚体	海拔		土层深度		海拔×土层深度	
	F 值	P 值	F 值	P 值	F 值	P 值
大团聚体	13.406	<0.001	3.362	0.079	11.397	<0.001
微团聚体	8.931	<0.001	0.452	0.508	7.235	<0.001
黏粉粒	8.837	<0.001	4.615	0.042	7.992	<0.001
平均重量直径	7.808	<0.001	3.969	0.058	7.040	<0.001
平均几何直径	7.243	<0.001	2.609	0.119	3.584	0.070
分形维数	6.278	0.001	3.218	0.088	6.951	0.001

9.2   不同海拔土壤团聚体稳定性的变化

9.2.1   土壤团聚体稳定性指标

（1）土壤团聚体平均重量直径（MWD，mm）和土壤团聚体平均几何直径（GWD，mm）的计算公式（Xiao et al.，2020）为

$$\text{MWD} = \sum_{i=1}^{n}(W_i / M_{\text{T}})\bar{X}_i \tag{9-1}$$

$$\text{GMD} = \exp(\sum_{i=1}^{n} W_i \ln \bar{X}_i) \tag{9-2}$$

式中，W_i 为第 i 级团聚体的质量（g）；M_{T} 为团聚体总质量（g）；$\bar{X}_i$ 为第 i 级团聚体的平均直径（mm）；n 为团聚体级数。在该研究中，土壤大团聚体、微团聚体和黏粉粒的平均直径分别为 6mm、0.1515mm 和 0.0265mm。

（2）土壤团聚体的分形维数采用杨培岭等（1993）推导的计算公式

$$\frac{M(r < \bar{X}_i)}{M_{\text{T}}} = (\frac{\bar{X}_i}{X_{\max}})^{3-D} \tag{9-3}$$

两边同时取对数可得

$$\lg\left[\frac{M(r < \bar{X}_i)}{M_{\text{T}}}\right] = (3-D)\lg(\frac{\bar{X}_i}{X_{\max}}) \tag{9-4}$$

式中，$\bar{X}_i$ 表示第 i 级团聚体的平均直径（mm）；$M(r < \bar{X}_i)$ 为粒径小于 $\bar{X}_i$ 的团聚体的质量（g）；M_{T} 为团聚体的总质量（g）；$X_{\max}$ 为团聚体的最大直径（mm）；D 为土壤团聚体分形维数。

以 $\lg\left[\dfrac{M(r<\bar{X_i})}{M_T}\right]$ 和 $\lg(\dfrac{\bar{X_i}}{X_{max}})$ 为坐标轴，通过数据拟合，可求得土壤团聚体分形维数（D）。

9.2.2　不同海拔土壤团聚体稳定性

不同海拔土壤团聚体稳定性指标如图 9-2 所示。0～20cm 土层土壤团聚体分形维数在海拔 1380m 处最大，在海拔 2139m 处最小；土壤团聚体平均几何直径在海拔 1380m 处最小，在海拔 2139m 处最大；土壤团聚体平均重量直径在海拔 1650m 处最小，在海拔 2139m 处最大；可见，随海拔升高，0～20cm 土层土壤团聚体稳定性指标无明显变化趋势。此外，20～40cm 土层土壤团聚体分形维数在海拔 1650m 处最大，在海拔 2139m 处最小；土壤团聚体平均几何直径和土壤团聚体平均重量直径均在海拔 1650m 处最小，在海拔 2139m 处最大，并随海拔升高，变化趋势一致。

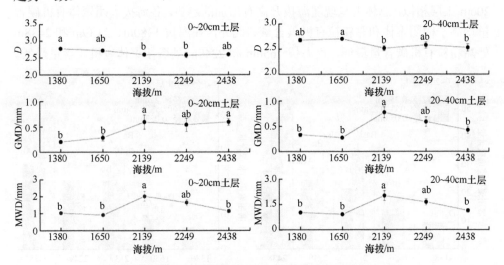

图 9-2　不同海拔土壤团聚体稳定性指标（吴梦瑶等，2021a）

MWD：土壤团聚体平均重量直径；GMD：土壤团聚体平均几何直径；D：土壤团聚体分形维数。不含相同小写字母表示不同海拔间差异显著

9.3　不同海拔土壤团聚体有机碳含量的变化特征

9.3.1　土壤团聚体有机碳储量的计算公式

土壤及其团聚体有机碳储量（SOCS，g/m^2）计算公式（Eynard et al.，2005）为

$$\text{SOCS} = \sum_{i=1}^{n}(W_i \times \text{SOC}_i) \times B_d \times H \times 10 \qquad (9\text{-}5)$$

式中，W_i 为第 i 级团聚体的质量（g）；SOC_i 为第 i 粒级土壤团聚体有机碳含量（g/kg）；B_d 为土壤容重（g/cm³）；H 为土层厚度（本研究为 0.2m）。

9.3.2 土壤团聚体有机碳含量的变化

由图 9-3 可知，各粒级土壤团聚体有机碳含量总体上随海拔升高呈增加趋势。在 0～20cm 土层，除海拔 2249m 处的微团聚体（粒径 0.053～0.25mm）有机碳含量低于海拔 2139m 外，各粒级团聚体有机碳含量均随海拔升高而增加，且在中高海拔（海拔≥2139m）样地高于低海拔样地（海拔≤1650m）。在海拔 1380m 处，团聚体有机碳含量在不同粒级间变化不显著。在海拔 1650m、2139m、2249m 和 2438m 处，各样地大团聚体和微团聚体有机碳含量均高于黏粉粒有机碳含量。在 20～40cm 土层，各粒级团聚体有机碳含量随海拔升高的变化趋势总体上与 0～20cm 土层相似，总体上呈现随海拔升高有增加的趋势。各海拔大团聚体有机碳含量均高于微团聚体和黏粉粒有机碳含量。此外，在海拔 1380m、2139m 和 2438m 处黏粉粒有机碳含量最低，而海拔 1650m 和 2249m 处微团聚体有机碳含量最低。

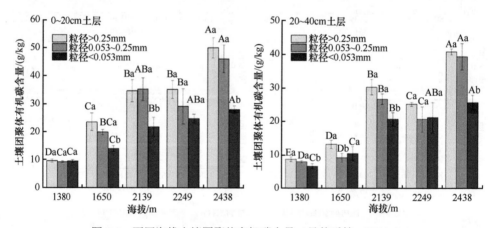

图 9-3 不同海拔土壤团聚体有机碳含量（吴梦瑶等，2021a）

不同小写字母表示同一海拔不同粒级间差异显著（$P<0.05$）；不含相同大写字母表示相同粒级不同海拔间差异显著（$P<0.05$）

9.3.3 团聚体有机碳对全土有机碳储量的贡献

各粒级土壤团聚体有机碳储量及其对全土有机碳储量的贡献如图 9-4 所示。由图 9-4 可知，随海拔升高，各粒级团聚体有机碳储量存在明显差异。在 0～20cm

土层，大团聚体和微团聚体有机碳储量在海拔 2438m 处最大，海拔 1380m 处最小；黏粉粒有机碳储量在海拔 1650m 处最大，在海拔 2438m 处最小。在 20～40cm 土层，大团聚体有机碳储量在海拔 2139m 处最大，海拔 1380m 处最小；微团聚体有机碳储量在海拔 2438m 处最大，在海拔 1380m 处最小；黏粉粒有机碳储量在海拔 1380 处最大，在海拔 2139m 处最小。可见，不同海拔各样地 0～20cm 和 20～40cm 土层大团聚体和微团聚体有机碳储量明显高于黏粉粒有机碳储量。

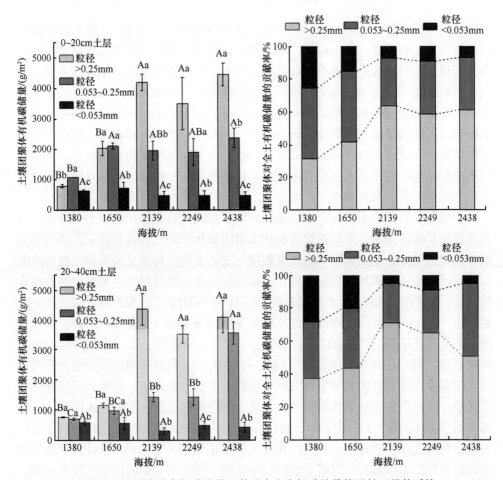

图 9-4　不同海拔土壤团聚体有机碳储量及其对全土有机碳储量的贡献（吴梦瑶等，2021b）

不同小写字母表示同一海拔不同粒级间差异显著（$P<0.05$）；不含相同大写字母表示相同粒级不同海拔间差异显著（$P<0.05$）

研究发现，中高海拔（2139m、2249m、2438m）大团聚体和微团聚体对有机碳储量的贡献率可达 90.88%～93.34%，明显高于黏粉粒的贡献。在 20～40cm 土层，大团聚体对有机碳储量的贡献随海拔升高呈先增加后减小的趋势，微团聚体对有机碳储量的贡献随海拔升高呈先减小后增加的趋势。由此可见，大团聚体和微团聚体是贺兰山土壤有机碳的主要载体。

9.4 讨　　论

9.4.1 不同海拔团聚体分布及其稳定性

通常将粒径＞0.25mm 的团聚体（$R_{0.25}$）称为水稳性大团聚体，是土壤中最好的结构体（王心怡等，2019）。本研究发现，随海拔升高，土壤中大团聚体有机碳含量有增加趋势，这主要与不同海拔形成的不同植被类型有关。随海拔升高，贺兰山植被类型呈现草原—灌丛—乔木林的转变特征，乔木林地植被覆盖度大，有大量的凋落物和较厚的腐殖质层，外源有机质的输入增加，促进了土壤中小粒径的团粒结构胶结形成大团聚体，这与前人（Li et al.，2016；瞿晴等，2019）关于不同植被带土壤团聚体分布的研究结果一致。土壤团聚体是由植物根系、菌丝缠绕形成的结构，在中高海拔的乔木林地，植物根系相互缠绕联结并且释放根系分泌物，促进了大团聚体的形成及增加了土壤结构的稳定性（李娜等，2019）。

土壤团聚体平均重量直径和土壤团聚体平均几何直径被广泛用来评价团聚体的稳定性，土壤团聚体平均重量直径和土壤团聚体平均几何直径越大，说明其团聚体稳定性越好；土壤团聚体分形维数可以表征土壤结构的几何形体，能够反映土壤粒径的组成和颗粒的粗细程度。土壤团聚体分形维数越小，表明土壤的稳定性越好（祁迎春等，2011）。本研究发现，贺兰山土壤团聚体分形维数在海拔 2139m 处最小，而土壤团聚体平均几何直径在海拔 2139m 处最大。随海拔升高，降水增加，土壤温度降低，中海拔较好的水热条件有利于生物的生长。刘秉儒等（2013）研究发现，贺兰山在中海拔位置（1900～2100m）具有最高的生物多样性和较高的土壤真菌含量。真菌在团聚体的形成和稳定中起重要作用，其菌丝可以缠绕土壤颗粒，同时产生多糖类次级代谢物，使土壤颗粒黏结在一起形成大团聚体，增强土壤团聚体的稳定性（宋敏等，2013）。中海拔样地团聚体的稳定性还可能与植物凋落物的化学性质相关。贺兰山海拔 2139m 的植被为油松林，松针含有较多树脂和蜡质等疏水性物质，阻碍了水的浸润速度，导致团聚体内部空气释放缓慢，从而增强团聚体抗破碎能力（Doerr et al.，2000；彭新华等，2004）。

研究发现，高海拔（2438m）样地 0～20cm 土层大团聚体有机碳含量高于 20～40cm 土层，这与刘艳等（2013）的研究结果一致，这主要是因为凋落物及根系大多分布于土壤表层，受土壤微生物和土壤动物影响较大，其分解转化形成的有机质增加了土壤团聚体之间的联结。随土层加深，土壤中砂粒含量降低、黏粉粒含量增加，土壤孔隙度降低，影响团聚体的形成及稳定。但在低海拔（1380～1650m）

样地，20～40cm 土层大团聚体含量高于表层土壤。可能的原因有：①荒漠草原和蒙古扁桃灌丛位于较低的海拔，受到较多人为活动干扰，且蒙古扁桃灌丛样地为岩羊适宜生境（刘振生等，2013），踩踏等活动干扰使其表层土壤团聚体稳定性下降；②下层土壤可能含有较多的黏粒及铁铝氧化物，为有机质的结合提供了较大的表面积和结合位点（Doerr et al.，2000）；③下层土壤的氧化反应加剧了大团聚体的形成（王富华等，2019）。

9.4.2　不同海拔团聚体有机碳含量的变化特征

各粒级团聚体有机碳含量是土壤有机质形成与分解的微观表征（黄永珍等，2020）。在本研究中，各粒级的团聚体有机碳含量随海拔升高均有增加趋势（图9-3），这可能与高海拔较高的生物量以及较多动物残体等有关（季波等，2015），同时良好的土壤结构保护了团聚体免受土壤动物及微生物分解，减少了矿化损失。在各海拔，大团聚体和微团聚体有机碳含量明显高于黏粉粒有机碳含量。这一研究结果符合 Six 等（2004）提出的团聚体模型理论，也与前人（Zhang et al.，2019；Gao et al.，2020）关于不同粒级团聚体有机碳及养分的研究结果一致。团聚体模型理论认为微团聚体通过根系、真菌菌丝及多糖等胶结形成大团聚体，使有机质含量随粒度等级的增加而增加（Guan et al.，2018），与此同时，大团聚体物理保护有机质不被微生物和氧气接触，从而减少有机碳和全氮的分解损失。

团聚体有机碳的储量与各粒级团聚体有机碳含量及团聚体组分比例密切相关（王晟强等，2020）。本研究发现，大团聚体和微团聚体有机碳储量总体上随海拔升高有增加的趋势，而黏粉粒有机碳储量有降低的趋势，说明海拔梯度通过影响团聚体组分分布影响团聚体养分储量。各海拔大团聚体和微团聚体对土壤养分储量的贡献率高于黏粉粒，表明大团聚体和微团聚体是土壤有机碳和全氮的主要载体，也进一步说明不同粒级团聚体组分含量是影响团聚体养分储量的关键因素。类似的研究结果在森林（黄永珍等，2020）、草地（Yao et al.，2019）及湿地（Lu et al.，2019）生态系统中均有发现。

第 10 章　宁夏山地森林土壤有机碳含量维持的化学驱动机制

10.1　不同海拔土壤有机碳化学结构特征

土壤有机碳是由不同稳定性、不同分解程度和不同周转速率的有机化合物组成的复杂混合物，具有高度异质性（Wang et al.，2016），不同组分有机碳对土壤肥力和环境质量的作用不同，因而被广泛关注。近年来，随着气候变暖的加剧，越来越多的研究者更加注重有机碳化学组分及其分子结构与土壤质量和土壤功能的相关性。因此，从化学结构及其稳定性方面揭示土壤有机碳的稳定机制显得尤为重要（李娜等，2019）。固体 ^{13}C 核磁共振技术可以在不经过物理或化学分馏的情况下获取土壤样品的碳化学结构，为测定复杂化合物组成、状态和结构提供了新手段，成为研究土壤有机碳化学结构的主要测定技术（Ji et al.，2015）。通常将核磁共振图谱得到的有机碳划分为烷基碳、烷氧碳、芳香碳和羧基碳，其中，烷氧碳稳定性最低，芳香碳和羧基碳相对稳定（Ji et al.，2020）。植物残体中的氨基酸和碳水化合物在土壤中优先降解，而木质素和芳香碳等结构复杂的化合物被选择性保留、富集，因此结构复杂的有机碳组分及其比例常被用来表征有机碳的稳定性（宋佳等，2021）。李娜等（2019）研究发现，世界范围不同区域土壤有机碳的核磁共振图谱相似，但不同官能团的相对占比有所差异。该变化受气候条件、植被类型、土地利用方式及土地管理措施等影响（He et al.，2021）。

10.1.1　土壤有机碳化学结构的测定

土壤有机碳的化学结构采用碳-13 核磁共振（^{13}C-NMR）波谱法测定。为除去样品中 Fe^{3+}、Mn^{2+} 等顺磁性化合物增加测试信噪比，采用 10%的氢氟酸溶液对土壤样品进行预处理，处理方法参照 Six 等（2004）。具体方法为：称取 5g 土壤置于离心管中，加 50ml 10%的氢氟酸溶液，振荡 1h 后 1500r/min 离心 10min，除去上清液后添加氢氟酸溶液重复上述步骤 8 次，振荡时间分别为 1h（4 次）、12h（3 次）、24h（1 次）。处理后的样品用 pH 6～7 的去离子水冲洗 4 次以除去残留氢氟酸溶液，40℃烘干。预处理后的样品利用固体核磁共振波谱仪（AVANCE III 400WB）进行测定。测试参数为：光谱频率 100.6Hz，旋转频率 8kHz，采集时间

20ms，接触时间 2ms，循环时间 3s。

10.1.2　土壤有机碳化学组分及其稳定性

CP MAS ^{13}C-NMR 光谱分析采用 MestReNova 9.0.1 软件完成，通过对相应官能团对应的光谱曲线积分得到不同有机碳化学组分的相对含量。^{13}C-NMR 光谱的化学位移主要可划分为 4 个碳区域：烷基碳区（0～45ppm[①]）、烷氧碳区（45～110ppm）、芳香碳区（110～160ppm）和羧基碳区（160～210ppm）。其中，烷氧碳是微生物分解碳水化合物等易分解物质的产物。脂肪度、芳香度、脂肪碳/芳香碳和疏水碳/亲水碳通常被用来解释有机碳的稳定性，其中，脂肪度指示有机质的潜在分解程度；芳香度表示有机碳的分解后期阶段；脂肪碳/芳香碳表示有机碳分子结构的复杂程度；疏水碳/亲水碳表示有机碳疏水程度。

脂肪度=烷基碳/烷氧碳

芳香度=芳香碳/（芳香碳+烷基碳）

脂肪碳/芳香碳=（烷基碳+烷氧碳）/芳香碳

疏水碳/亲水碳=（烷基碳+芳香碳）/（烷氧碳+羧基碳）

10.1.3　数据处理

利用 SPSS 24.0 软件进行数据处理，采用单因素方差分析检验不同海拔土壤理化性质、团聚体粒径分布及稳定性与有机碳化学结构差异的显著性；采用双因素方差分析检验海拔、土层深度及其交互作用对土壤团聚体稳定性和有机碳化学结构稳定性的影响，显著水平为 α=0.05。采用回归分析分析有机碳化学组分及其稳定性随海拔的变化趋势。图表中数据均为平均值±标准误。

10.1.4　不同海拔土壤有机碳化学结构表征

贺兰山不同海拔土壤有机碳 ^{13}C 固体核磁共振波谱如图 10-1 所示，根据有机碳的核磁共振化学位移将每个土壤有机碳样品的波谱图分为 4 个功能区，分别为烷基碳区（0～45ppm）、烷氧碳区（45～110ppm）、芳香碳区（110～160ppm）和羧基碳区（160～210ppm）。不同海拔土壤有机碳核磁共振信号强度不同，其中，低海拔（≤1650m）由于土壤有机碳含量低，信噪比较高，波谱受其他粒子

---

① 土壤有机碳的核磁共振化学位移通常以 ppm（每百万分之一）为标准单位表示，根据化学环境的不同，土壤有机碳的化学位移可分为以下几个主要范围：0～45ppm（通常是与烷基碳或脂肪酸相关的化学位移）；45～110ppm（通常与含氧官能团如醇、醚、羧酸等相关的化学位移）；110～160ppm（与芳香族碳或芳香环系统相关的化学位移）；160～210ppm（通常与羧基或酯类碳相关的化学位移），本章后同。

影响大,出峰不明显。各海拔土壤有机碳波谱图相似,但吸收峰的相对强度在各海拔有所差异。对各功能区有机碳波谱积分可知贺兰山各海拔土壤有机碳化学组分的分布(表 10-1)。在各海拔,烷氧碳为主要有机碳化学组分,占比等于或高于46.01%,烷基碳占比和芳香碳占比次之,变化范围分别为19.18%~24.43%和18.44%~25.22%,羧基碳占比最小,为6.45%~10.25%。高海拔(>2139m)烷氧碳占比高于较低海拔(海拔 1380m 20~40cm 土层除外),中海拔(2139m)芳香碳占比高于其他海拔,海拔 1380m 和 2249m 烷基碳占比显著高于其他海拔,羧基碳占比在不同海拔间(海拔 2249m 和 2438m 20~40cm 土层除外)不显著。

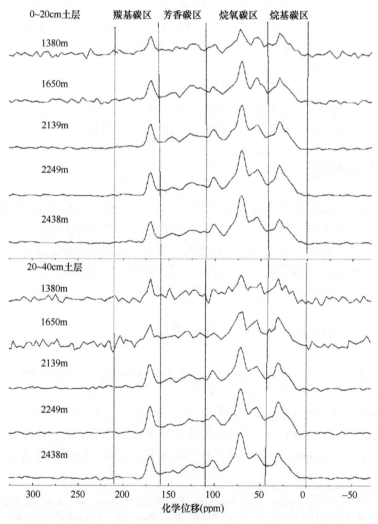

图 10-1 不同海拔土壤有机碳 ^{13}C 固体核磁共振波谱分析(改自吴梦瑶,2021)

表 10-1 不同海拔土壤有机碳化学组分（改自吴梦瑶，2021）

土层/cm	海拔/m	烷基碳占比/%	烷氧碳占比/%	芳香碳占比/%	羧基碳占比/%
	1380	24.43±0.30a	47.82±1.74b	18.44±0.65b	9.47±1.07a
	1650	19.28±0.61b	50.32±1.26ab	20.56±0.83ab	10.05±1.00a
0～20	2139	20.73±0.97b	48.40±0.62b	21.62±0.76a	9.26±0.34a
	2249	23.59±0.41a	50.53±1.11ab	18.84±0.72b	7.04±0.02a
	2438	20.45±0.75b	53.84±0.88a	19.26±0.34b	6.45±0.22a
	1380	22.68±0.57a	50.33±2.34ab	18.84±1.11b	8.14±0.83a
	1650	20.37±1.23b	47.04±0.52b	22.33±1.56ab	10.25±1.50a
20～40	2139	19.18±0.65b	46.01±1.72b	25.22±2.19a	9.59±0.25a
	2249	22.73±0.73a	48.57±0.56ab	20.65±0.82b	8.05±0.49b
	2438	20.96±0.33b	52.51±0.87a	19.63±0.67b	6.90±0.13b

注：各列不含相同小写字母表示同一土层不同海拔之间存在显著差异（$P<0.05$）。

10.1.5 不同海拔土壤有机碳化学组分差异

由表 10-2 可知，贺兰山土壤有机碳化学组分受海拔和海拔×土层深度的影响显著，烷基碳、烷氧碳、羧基碳、脂肪度和疏水碳/亲水碳受土层深度的影响不显著。非度量多维标度（non-metric multidimensional scaling，NMDS）排序结果（图 10-2）也显示不同海拔土壤有机碳化学组分之间存在显著差异[胁强系数<0.2，多响应置换过程（multi-response permutation procedures，MRPP）检验 $P<0.01$]，其中，中高海拔（≥2139m）土壤有机碳化学组分相近，与海拔 1380m 处的有机碳组分差异较大，该差异主要由芳香碳含量的变化导致。

表 10-2 海拔、土层深度及二者交互作用对土壤有机碳化学组分影响的双因素分析

化学组分	海拔		土层深度		海拔×土层深度	
	F 值	P 值	F 值	P 值	F 值	P 值
烷基碳	11.769	<0.001	0.865	0.362	9.588	<0.001
烷氧碳	5.404	0.003	2.299	0.143	4.783	0.004
芳香碳	6.365	0.001	5.546	0.027	6.201	0.001
羧基碳	7.529	<0.001	0.085	0.773	6.040	0.001
芳香度	7.518	<0.001	5.613	0.026	7.137	<0.001
脂肪度	6.500	0.001	0.008	0.929	5.201	0.002
脂肪碳/芳香碳	8.181	<0.001	5.101	0.033	7.565	<0.001
疏水碳/亲水碳	2.837	0.047	2.926	0.100	2.855	0.037

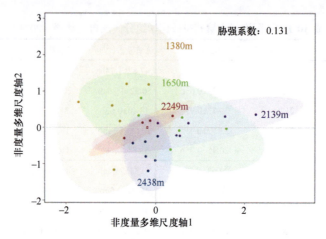

图 10-2　不同海拔土壤有机碳化学组分非度量多维标度分析（吴梦瑶，2021）

土壤有机碳化学组分关于海拔的回归分析结果显示贺兰山土壤有机碳化学组分随海拔升高呈现局部峰/谷值变化趋势（图 10-3）。烷氧碳占比、芳香碳占比和羧基碳占比随海拔升高的变化趋势显著（$P<0.05$）。其中，烷氧碳占比随海拔升高先减小至中海拔后逐渐增大；而芳香碳占比和羧基碳占比随海拔升高先增大，在中海拔达到峰值后减小。烷基碳占比随海拔升高的变化趋势不显著（$P>0.05$）。

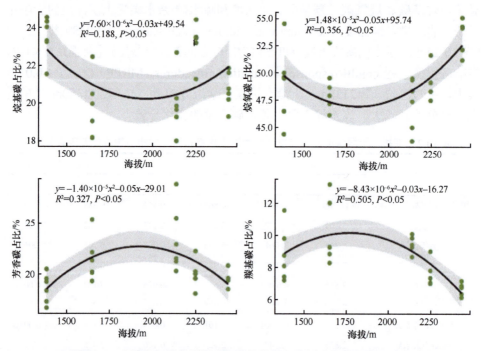

图 10-3　土壤有机碳化学组分与海拔的回归分析（吴梦瑶，2021）

10.1.6　不同海拔土壤有机碳化学结构稳定特征

由表 10-3 可知,不同海拔土壤有机碳化学结构稳定性具有差异性。在 0～20cm 土层,芳香度为 0.20～0.24,在海拔 2139m 处最高;脂肪度和疏水碳/亲水碳在海拔 1380m 高于其他海拔,分别为 0.51 和 0.75;脂肪碳/芳香碳在海拔 1650m 和 2139m 显著低于其他海拔,分别为 3.39 和 3.21。在 20～40cm 土层,芳香度为 0.21～0.28,在海拔 2139m 处最高;脂肪度在海拔 2438m 处最低,为 0.40;脂肪碳/芳香碳在海拔 2139m 处最低,为 2.64;疏水碳/亲水碳在海拔 2438m 处显著低于其他海拔。双因素方差分析结果(表 10-2)显示,海拔与海拔×土层深度对土壤有机碳化学稳定性有显著影响,土层深度对芳香度和脂肪碳/芳香碳影响显著。回归分析结果显示,芳香度、脂肪度和疏水碳/亲水碳随海拔升高呈单峰变化趋势(图 10-4)。其中,芳香度随海拔升高先增大至中海拔后减小,脂肪碳/芳香碳随海拔升高先减小,在中海拔呈现局部谷值,随后逐渐增大。脂肪度随海拔升高变化的趋势不显著。

表 10-3　不同海拔土壤有机碳化学结构稳定特征(吴梦瑶,2021)

土层/cm	海拔/m	芳香度	脂肪度	脂肪碳/芳香碳	疏水碳/亲水碳
	1380	0.20±0.01b	0.51±0.02a	3.93±0.22a	0.75±0.02a
	1650	0.23±0.01ab	0.38±0.02b	3.39±0.15b	0.66±0.02b
0～20	2139	0.24±0.01a	0.43±0.02b	3.21±0.16b	0.73±0.02ab
	2249	0.20±0.01b	0.47±0.02ab	3.95±0.18a	0.74±0.03ab
	2438	0.21±0.01b	0.38±0.02b	3.86±0.10a	0.66±0.03b
	1380	0.21±0.01b	0.45±0.03a	3.91±0.34a	0.71±0.05a
	1650	0.25±0.02ab	0.43±0.02b	3.05±0.24b	0.75±0.03a
20～40	2139	0.28±0.02a	0.42±0.02b	2.64±0.32b	0.80±0.06a
	2249	0.22±0.01b	0.47±0.02b	3.47±0.19ab	0.77±0.01a
	2438	0.21±0.01b	0.40±0.02b	3.75±0.17ab	0.68±0.02b

注:同列不含相同小写字母表示同一土层不同海拔之间存在显著差异($P<0.05$)。

10.1.7　讨论

通过核磁共振图谱获得的各功能区有机碳的百分比可以预测土壤有机碳化学结构和稳定性的变化。本研究发现,各海拔烷氧碳占比最高,超过总有机碳含量的 46%,然后是芳香碳占比和烷基碳占比,羧基碳占比最低(表 10-1),该结果与前人(Du et al.,2014;Li et al.,2016;Spielvogel et al.,2016)在山地生态系

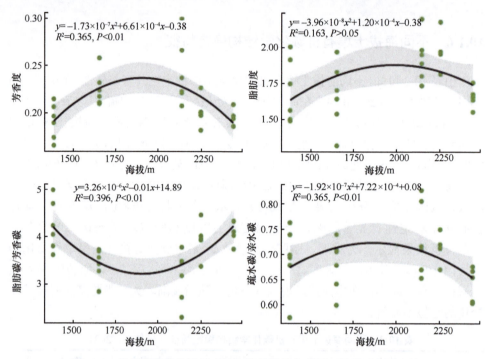

图 10-4 土壤有机碳化学稳定性与海拔的回归分析（吴梦瑶，2021）

统的研究结果一致。一般情况下，烷基碳和芳香碳是难降解和疏水性碳组分，而烷氧碳和羧基碳是相对易分解和亲水性碳组分。其中，烷氧碳主要来源于氨基酸、木质素、半纤维素、纤维素和碳水化合物（李娜等，2019）。本研究发现烷氧碳为贺兰山土壤主要的有机碳组分，表明碳水化合物和纤维素是贺兰山土壤有机质的主要组分，而 20～40cm 土层较低的植物腐殖质输入导致较低的烷氧碳占比。各海拔土壤有机碳的含量和组分与有机质的化学性质和微生物群落及微生物活性密切相关。土壤中较高的烷氧碳占比表明土壤有机质具有更高的分解潜力。土壤真菌可以促进多糖的分解（Murugan et al.，2019）。刘秉儒等（2013）研究发现，贺兰山高海拔（青海云杉林）具有较高的真菌含量和代谢活性，这可能是高海拔（2438m）有较高的烷氧碳占比的原因。除此之外，高海拔较高的全氮含量和较低的土壤 pH 促进了微生物对碳水化合物的分解（Li et al.，2017）。

通常情况下，芳香碳是由木质素分解产生的难降解碳，而烷基碳是来自角质、蜡质和软木脂分解产生的活性较强的有机碳（Pisani et al.，2013；Shen et al.，2018）。细菌因为可以分解周转率较高、相对不稳定的烷基碳而选择性保存难降解碳（Otto and Simpson，2005）。本研究发现，海拔 1380m 处烷基碳占比高于其他海拔，这与 Li 等（2016）在武夷山的研究结果一致。贺兰山低海拔较高的烷基碳占比可能与植被类型（海拔 1380m 为荒漠草原）有关。Otto 和 Simpson（2005）研究发现，草地生态系统的脂质比其他有机碳组分更容易分解，从而导致较高的烷基碳占比。芳香碳组分随海拔升高呈单峰变化趋势，并在中海拔达到最高，这主要与微生物的活性和植物凋落物的化学性质有关。一方面，贺兰山中海拔为油松林，松针凋落物中含有大量芳香化合物及其他难分解的有机质；另一方面，随着海拔升高，降水增加，温度降低，这些因子交互作用使中海拔具有较好的水热条件，为微生物的生存和代谢提供了良好的环境，较高活性的微生物分解糖类等易分解化合物，保留了难分解的芳香化合物，从而使中海拔有较高的芳香碳占比（Crow et al.，2009；Kramer et al.，2012；Li et al.，2017）。

土壤有机碳的稳定性很大程度上取决于有机碳的化学结构稳定性。芳香度、脂肪度、脂肪碳/芳香碳和疏水碳/亲水碳通常作为衡量指标评价有机碳的稳定性。芳香度表示土壤有机碳分子结构的复杂性，其值越大，表明有机质分子中复杂的芳香结构越多，越不容易被分解；脂肪度是土壤分解程度的指标，其值越大，说明土壤有机质分解越彻底，在随后的分解中越不容易损失碳（何亚婷，2015）；脂肪碳/芳香碳可以反映腐殖质的结构，其值越大，表明腐殖质中脂肪族侧链含量越多，芳香结构越少，分子越简单；疏水碳/亲水碳可以反映有机质的疏水性，其值越大，表明有机碳越稳定（Mathers and Xu，2003）。本研究发现，贺兰山土壤有机碳稳定性指标随海拔升高呈单峰变化趋势，其中，芳香度、脂肪度和疏水碳/亲水碳随海拔升高先增大后减小，脂肪碳/芳香碳随海拔升高先减小后增大，均在中海拔达到峰值/谷值（图 10-4）。该结果与 Li 等（2017）在青藏高原的研究结果一致，说明贺兰山中海拔土壤有机碳趋于烷基化，分子结构复杂，具有较强的疏水性和稳定性。

10.2　不同海拔土壤有机碳稳定机制

土壤有机碳的固存受团聚体稳定性的影响，而团聚体的形成是有机碳稳定的关键过程（薛斌，2020）。团聚体作为一种多孔结构体，可以包裹有机碳或有机碳与矿物颗粒的胶结体，从而保护有机碳免受动物、微生物等分解，增强有机碳的稳定性。因此，常用"隔离"和"吸附"过程描述不同粒级团聚体对有机碳的保护作用（刘满强等，2007）。有机碳的化学组分在团聚体形成和稳定过程中具有重要作用。例如，疏水性化合物可以结合游离脂类或其他疏水物质在有机质表面形成疏水膜，通过降低渗水能力来提高团聚体稳定性（Doerr et al.，2000），同时，有机质和矿物颗粒的相互作用加强了土壤结构和不同碳组分的稳定性。海拔变化引起的温度、水分和植被的变化不仅会直接改变土壤中源自植物部分的有机碳来源，也会影响输入土壤植被残体的性质，改变糖类、脂类及木质素类的分解速率（张仲胜等，2018），影响不同官能团有机碳的占比，进而导致碳库稳定性的差异。

10.2.1　数据处理

利用 SPSS 24.0 软件进行数据处理，并用 Pearson 相关性分析土壤团聚体及有机碳化学组分与环境因子之间的相关性。采用 Canoco 5 软件进行冗余分析并绘制冗余分析排序图，分析团聚体粒径分布及其稳定性与有机碳化学组分间的相关性。利用结构方程模型分析土壤团聚体、有机碳化学组分及团聚体有机碳对贺兰山有机碳储量的贡献。

10.2.2　土壤团聚体及有机碳组分影响因素

不同海拔土壤团聚体分布、土壤有机碳化学组分、土壤有机碳含量、土壤特性和环境因子的相关分析结果显示，团聚体分布和团聚体有机碳受环境因子影响中，绝大多数均表现出统计学上的显著性（表 10-4）。其中，土壤大团聚体含量、土壤团聚体平均重量直径、土壤团聚体平均几何直径、各粒级团聚体有机碳含量与土壤有机碳含量、土壤全氮含量、土壤有机碳储量、土壤 C∶N、海拔、年平均降水量显著/极显著正相关，与土壤容重、土壤 pH、年平均气温显著/极显著负相关。土壤团聚体有机碳含量与土壤机械组成密切相关。土壤团聚体有机碳含量与土壤黏粒含量和土壤粉粒含量负相关，与土壤砂粒含量正相关。土壤有机碳化学组分受环境因子影响较小，土壤烷氧碳占比与土壤有机碳含量、土壤全氮含量、土壤全磷含量、土壤有机碳储量和土壤砂粒含量显著/极显著正相关，与土壤容重和土壤粉粒含量显著/极显著负相关；土壤羧基碳占比与土壤有机碳含量、土壤全氮含量、土壤有机碳储量、海拔、年平均降水量和土壤砂粒含量显著/极显著负相关，与土壤容重、土壤 pH、年平均气温和土壤粉粒含量显著/极显著正相关。脂肪度与土壤全磷含量、年平均降水量和土壤砂粒含量显著/极显著负相关，与年平均气温、土壤黏粒含量和土壤粉粒含量显著/极显著正相关；疏水碳/亲水碳与土壤全磷含量和土壤砂粒含量显著/极显著负相关，与土壤粉粒含量显著正相关；土壤烷基碳占比与土壤黏粒含量显著正相关；芳香度和脂肪碳/芳香碳受环境因子影响不显著。

10.2.3　土壤团聚体与土壤有机碳化学结构的相关分析

对贺兰山不同海拔土壤团聚体粒径分布及稳定性指标与土壤有机碳化学组分进行冗余分析结果表明，土壤有机碳化学组分对团聚体特征影响的第一轴和第二轴累积解释量为 99.71%（图 10-5），因此，第一轴和第二轴可以反映土壤团聚体与土壤有机碳化学组分的关系。芳香碳占比、芳香度和烷氧碳占比与土壤大团聚

表 10-4　土壤理化性质、粒径组成和环境因子与土壤团聚体碳含量及碳化学组分的相关性分析

土壤物理化性质、碳组分及其相关特征	土壤有机碳含量	土壤全氮含量	土壤全磷含量	土壤容重	土壤 pH	土壤 C:N	海拔	年平均气温	年平均降水量	土壤有机碳储量	土壤黏粒含量	土壤粉粒含量	土壤砂粒含量
土壤大团聚体含量	0.465**	0.395*	-0.213	-0.489**	-0.673**	0.522**	0.650**	-0.592**	0.595**	0.457*	-0.294	0.170	-0.117
土壤微团聚体含量	-0.273	-0.217	0.390*	0.320	0.470**	-0.397*	-0.421*	0.350	-0.358	-0.269	0.060	-0.281	0.247
土壤黏粉粒含量	-0.631**	-0.555**	-0.113	0.557**	0.775**	-0.653**	-0.829**	0.813**	-0.819**	-0.649**	0.593**	0.085	-0.150
土壤团聚体平均重量直径	0.449*	0.082	-0.208	-0.433*	-0.616**	0.487**	0.614**	-0.566**	0.566**	0.445*	-0.262	0.157	-0.109
土壤团聚体平均几何直径	0.439*	0.367*	-0.271	-0.418*	-0.620**	0.524**	0.607**	-0.555**	0.557**	0.452*	-0.215	0.215	-0.168
土壤团聚体分形维数	-0.518**	-0.438*	0.042	0.494**	0.676**	-0.544**	-0.672**	0.639**	-0.636**	-0.528**	0.392*	-0.068	0.013
土壤大团聚体碳含量	0.888**	0.882**	0.458*	-0.764**	-0.865**	0.501**	0.895**	-0.887**	0.878**	0.857**	-0.780**	-0.501**	0.549**
土壤微团聚体碳含量	0.879**	0.875**	0.458*	-0.738**	-0.817**	0.459*	0.846**	-0.828**	0.815**	0.856**	-0.755**	-0.450*	0.500**
土壤黏粉粒碳含量	0.866**	0.839**	0.327	-0.733**	-0.914**	0.550**	0.929**	-0.918**	0.912**	0.859**	-0.688**	-0.278	0.336
土壤烷基碳占比	-0.105	-0.064	-0.216	0.166	0.112	-0.361	-0.197	0.217	-0.239	-0.101	0.419*	0.336	-0.355
土壤烷氧碳占比	0.496**	0.534**	0.455*	-0.390*	-0.336	0.052	0.320	-0.348	0.324	0.450*	-0.265	-0.526**	0.509**
土壤芳香碳占比	-0.121	-0.172	-0.238	-0.068	-0.072	0.286	0.118	-0.098	0.125	-0.120	-0.216	0.106	-0.070
土壤羰基碳占比	-0.563**	-0.602**	-0.189	0.587**	0.563**	-0.092	-0.503**	0.499**	-0.470**	-0.490**	0.293	0.367*	-0.368*
芳香度	-0.192	-0.246	-0.251	0.016	0.009	0.257	0.042	-0.023	0.053	-0.182	-0.164	0.152	-0.117
脂肪度	-0.344	-0.328	-0.399*	0.346	0.275	-0.335	-0.334	0.366*	-0.373*	-0.321	0.480**	0.536**	-0.544**
脂肪碳/芳香碳	0.179	0.237	0.211	-0.060	-0.018	-0.284	-0.051	0.039	-0.071	0.148	0.215	-0.125	0.087
疏水碳/亲水碳	-0.241	-0.262	-0.484**	0.064	0.016	0.001	-0.041	0.084	-0.073	-0.240	0.135	0.433*	-0.408*

*表示显著相关（$P<0.05$），**表示极显著相关（$P<0.01$）。

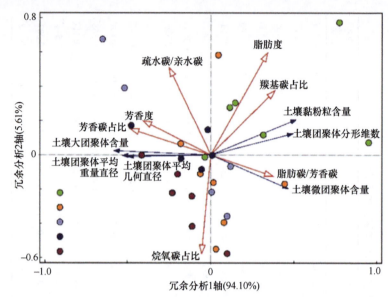

图 10-5　土壤团聚体与化学组分的冗余分析（吴梦瑶，2021）
红色箭头代表团聚体有机碳化学组分，蓝色箭头代表不同粒级团聚体及其团聚体稳定性

体含量呈正相关，与土壤黏粉粒含量和土壤微团聚体含量以及土壤团聚体分形维数呈负相关；土壤羧基碳占比、脂肪度和脂肪碳/芳香碳与土壤黏粉粒含量和土壤微团聚体含量及土壤团聚体分形维数呈正相关，与土壤大团聚体含量、土壤团聚体平均重量直径和土壤团聚体平均几何直径呈负相关。

　　通过蒙特卡罗检验排序，研究土壤有机碳化学组分对团聚体组分及稳定性影响的重要程度。结果表明，不同有机碳化学组分及其稳定性对土壤团聚体特征变化的累积解释量为 31.6%，其中，羧基碳和芳香碳的解释量较高，分别为 10.0%和 7.0%，但是均未达到显著水平（表 10-5）。

表 10-5　不同海拔土壤化学组分对团聚体的解释量和显著性检验结果

有机碳化学组分	解释量/%	F 值	P 值
芳香碳	7.0	2.1	0.150
羧基碳	10.0	3.2	0.090
芳香度	3.6	1.2	0.340
脂肪度	2.7	0.9	0.356
脂肪碳/芳香碳	4.1	1.4	0.232
疏水碳/亲水碳	1.0	0.3	0.708
烷氧碳	3.2	1.0	0.326

10.2.4　土壤有机碳物理组分和化学组分对其储量的贡献

如图 10-6 所示，结构方程模型较好地拟合了土壤有机碳储量与土壤有机碳化学组分、团聚体有机碳及团聚体组分的相互作用途径。由图 10-6 可知，土壤有机碳化学组分、团聚体有机碳及团聚体组分直接影响有机碳储量，分别占总变量解释量的 18%、61% 和 24%。团聚体有机碳对土壤有机碳储量有极显著影响（$r=0.94$，$P<0.01$），是影响土壤有机碳储存的主要途径。有机碳化学组分和团聚体对土壤有机碳储量的影响不显著。烷氧碳和羧基碳对有机碳化学结构影响显著（$P<0.05$），是影响土壤有机碳储量的主要化学组分；大团聚体和黏粉粒对团聚体有机碳有极显著影响，是土壤有机碳积累的关键（$P<0.01$）。不同组分团聚体对团聚体有机碳有极显著影响，大团聚体的增加和黏粉粒的减少可极显著抑制团聚体有机碳的形成（$r=-0.65$，$P<0.01$）。

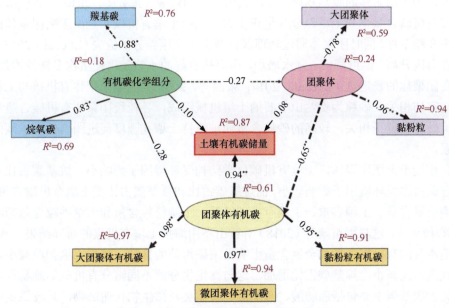

$x^2=10.4$, $df=15$, GFI=0.924, RMSEA=0.000, $P=0.795$

图 10-6　土壤有机碳储量与土壤有机碳化学组分、团聚体有机碳及团聚体组分的结构方程模型
（吴梦瑶，2021）

箭头上的数字是标准化的路径系数，箭头宽度表示关系的强度。实线表示正相关，虚线表示负相关，*表示显著相关（$P<0.05$），**表示极显著相关（$P<0.01$）。此外，与响应变量关联的 R^2 表示通过与其他变量之间的关系解释的解释量。GFI 为契合度指数；RMSEA 为均方根误差逼近度

10.2.5 讨论

土壤团聚体和有机碳化学结构通过物理和生物化学保护影响有机碳的稳定性（Hemingway et al.，2019）。本研究发现，贺兰山不同海拔土壤团聚体组分及稳定性受环境因子影响显著（表 10-4）。Sun 等（2019）研究表明，土壤团聚体的稳定性与土壤有机碳含量密切相关。本研究也发现土壤有机碳含量、土壤全氮含量和土壤 C∶N 与土壤团聚体平均重量直径和土壤团聚体平均几何直径显著/极显著正相关，与土壤团聚体分形维数显著/极显著负相关，该结果与马盼盼（2019）关于不同退化高寒草地土壤团聚体和土壤养分关系的研究结果一致。表明土壤团聚体可以保护土壤有机质，提高土壤质量。随海拔增加，贺兰山植被类型发生改变，有机质的输入量增加。土壤新鲜有机质的增加可以促进矿物颗粒的胶结，有效防止土壤水分的浸润，增强土壤团聚体的稳定性（Demenois et al.，2018）。土壤氮素可作为大团聚体的胶结物质，促进大团聚体的形成（张芸等，2016）。各粒级团聚体有机碳含量也与土壤养分含量正相关，说明土壤有机碳和全氮影响团聚体的分布及稳定性，同时团聚体通过物理保护减少了土壤养分的流失（Li et al.，2017）。随着海拔升高，温度降低，降水增加，中海拔良好的水热条件使生物多样性增加，提高团聚体的稳定性（Li et al.，2017；朱源等，2008）。土壤团聚体有机碳与土壤质地密切相关，砂粒为贺兰山主要的土壤机械组成，各粒级团聚体有机碳含量与土壤砂粒含量正相关，较高的砂粒含量通过维持土壤孔隙度促进团聚体有机碳的积累。

相较于土壤团聚体，土壤有机碳化学结构受环境因子影响小。烷基碳占比和芳香碳占比受环境因子影响较小，而烷氧碳占比和羧基碳占比受土壤有机碳含量、土壤全氮含量、土壤容重、土壤有机碳储量、土壤粉粒含量和土壤砂粒含量影响显著/极显著，这与孟苗婧等（2018）对黄山不用海拔土壤有机碳的研究结果一致。土壤本身的有机碳含量和全氮含量影响土壤碳组分的分配。随着土壤颗粒减小，烷氧碳占比减小，羧基碳占比增加，这与微生物分解不同组分有机碳的难易程度有关。羧基碳主要包括脂肪酸、氨基酸和醛酮类及微生物代谢产物，是较稳定的有机碳，微生物分解增加了羧基碳含量而消耗了烷氧碳（Kurmi et al.，2020）。

不同粒径团聚体的数量和占比在维持土壤结构和土壤有机碳稳定性中的作用不同。土壤团聚体是由不同分解程度的植物残体形成的（Pedersen et al.，2011）。烷氧碳是分解程度较低的有机碳组分，其占比与大团聚体含量负相关，与微团聚体含量正相关，表明大团聚体最初是由植物衍生的有机质和微团聚体形成的，符合团聚体层次理论（Six et al.，2000；Li et al.，2020）。此外，土壤大团聚体含量与芳香碳占比有较强的相关性，是由于贺兰山中高海拔的植被为针叶林，其凋落物使土壤腐殖质富含木质素等难分解物质，微团聚体与芳香碳等难降解有机质通过瞬时短暂的胶结作用形成大团聚体（Kurmi et al.，2020）。在大团聚体转变为微团聚体和黏粉粒的过程中，活性较高的有机质被分解，而活性相对稳定的有机质被保留（Gregorich et al.，2003）。本研究发现，土壤黏粉粒组分与羧基碳占比正相关，与 Li 等（2017）在青藏高原的研究结果一致。羧基碳来源于植物聚合物和微生物代谢产物，是较稳定的有机碳组分，与黏粉粒组分高度相关，表明具有较高分解潜力的有机质参与了大团聚体的形成，而分解程度较高的有机碳增强了有机碳的稳定性，有助于长时间的固存。此外，脂肪度与黏粉粒正相关，而芳香度与土壤大团聚体含量、土壤团聚体平均重量直径和土壤团聚体平均几何直径正相关，进一步证明随团聚体粒级减小，有机碳分解程度增加，稳定有机碳组分占比的增大有助于团聚体稳定性的提升。

山地生态系统有机碳由于受植被、气候和土壤质地及海拔变化的影响而体现出高度异质性。贺兰山各海拔土壤有机碳的储量受物理组分、化学组分及团聚体的影响，其中团聚体有机碳直接影响土壤有机碳储量，是决定不同海拔土壤有机碳储量的关键因素。土壤团聚体通过影响团聚体有机碳间接影响土壤有机碳储量，且大团聚体含量的增加有助于团聚体有机碳储量的提升，与 Tan 等（2017）在农田生态系统的研究结果一致。该结果表明土壤团聚体的物理保护作用有助于贺兰山土壤有机碳的固存。因此，在今后森林培育和森林管理中，应综合考虑土壤有机碳储量的影响因素，通过合理的管理措施改善土壤结构，保护土壤团聚体，提高区域土壤有机碳储量。

第11章　宁夏山地森林土壤有机碳含量维持的微生物驱动机制

11.1　土壤微生物群落结构特征

土壤微生物作为生态系统中的分解者，是陆地生态系统的重要组成部分，在生态系统的初级生产、物质循环、能量流动等过程中起着重要的作用，同时也与地上植被的多样性有着密切的关系（Hossain and Sugiyama，2011；Han et al.，2007）。作为连接土壤与植物之间的纽带，土壤微生物是生物地球化学循环的重要驱动因素（Praeg et al.，2019；Callaway et al.，2004）。在森林生态系统中，土壤微生物的分布受空间因素的影响，差异较明显。研究表明，土壤表层物种交互作用强，资源丰富，是土壤微生物群落最为丰富、群落特征最明显的区域（陈志芳，2014）。同时，土壤微生物的组成和数量可以反映土壤的质量，土壤微生物的多样性及群落结构可以有效反映土壤系统的稳定性，是生态系统功能的敏感指标，能很好地指示森林生态环境和系统功能的变化（尉建埔，2016）。

山地森林生态系统中海拔对植被组成和土壤性质的影响尤为明显，而土壤性质是影响土壤微生物的重要因素（Bryant et al.，2008）。土壤微生物与气候、植被类型及土壤性质等密切相关，而海拔变化可以在较小范围内引起温度、降水、植被类型和土壤性质等生物因子和非生物因子的显著变化，因此与海拔相关的环境条件强烈影响着土壤微生物的组成及群落结构（Praeg et al.，2019；Lugo et al.，2008）。在全球变化的背景下，研究土壤微生物的群落随海拔变化的特征，对于探索森林生态系统物质循环和能量流动对环境因子变化的响应有着重要的作用（Gai et al.，2012）。

贺兰山位于我国温带草原区和荒漠区的分界处，在地理位置上具有典型性，在植物区系和植被带上具有过渡性，植被类型复杂多样性，生态系统较脆弱（刘秉儒等，2010）。贺兰山植被类型具有明显的垂直地带性，随海拔的升高，植被类型依次为荒漠草原、山地疏林草原、针阔混交林、温性针叶林、寒性针叶林和高山草甸。现今，贺兰山植物多样性的研究越来越受到重视，但贺兰山不同海拔梯度土壤微生物的群落结构和分布特征尚不明确（刘秉儒等，2013）。磷脂脂肪酸是磷脂的构成成分，在自然生理条件下相对稳定，具有结构多样性和生物特异性，它在土壤中的多样性和丰度可以表示特定生物类群的多样性和丰度（格格，2018）。不同类群的微生物能通过不同的生化途径合成不同的磷脂脂肪酸，部分磷脂脂肪酸可以作为分析微生物生物量和微生物群落结构等变化的生物标记（吴愉萍，2009；王曙光和侯彦林，2004）。本研究采用磷脂脂肪酸图谱法分析贺兰山不同海拔梯度土壤微生物群落的结构特征，探讨土壤微生物群落随海拔变化的规律及影响因素，旨在为贺兰山荒漠-森林生态系统的养分循环提供依据。

11.1.1　研究区与研究方法

11.1.1.1　研究区概况

贺兰山山体孤立，呈南北走向，主峰海拔 3556.15m。贺兰山处于温带大陆性气候区域范围内，具有山地气候特征。气候变化大，年平均气温−0.8℃，年平均降水量 420mm，年平均蒸发量 2000mm。贺兰山降水量有明显的垂直分布规律，平均每上升 100m，降水量增加 13.2mm。贺兰山降水主要集中在 6～8 月，占全年降水量的 60%。贺兰山海拔 2400～3100m 为以青海云杉为主要树种的针叶林景观（刘秉儒等，2013；任运涛等，2017）。

11.1.1.2　样品采集

在贺兰山东坡海拔 1300～2300m 范围内物种丰富度较高，林分变化较大。2020年 9 月，沿贺兰山东坡自下而上选取海拔 1380m（荒漠草原）、1650m（蒙古扁桃灌丛）、2139m（油松林）、2249m（松杨混交林）和 2438m（青海云杉林）5 个样地，在每个植被带内按等高线设置 3 个取样点，每个取样点去除地表的枯落物和腐殖质或剥离表土后用直径 4cm 的土壤取样器采用五点取样法取 0～10cm 土层的土样 5 个，混合后作为该取样点的土壤样品并用自封袋密封之后放入冰盒带回实验室。去除植物根系和石块，过 2mm 筛后分成两份：一份自然风干，用于土壤理化性质的测定；另一份放入−80℃冰箱保存，用于土壤微生物群落结构的测定。

11.1.1.3　土壤理化性质的测定

土壤 pH 采用电位法测定（水土质量比为 2.5∶1）；土壤容重采用烘干法测定；土壤含水量采用环刀法测定；土壤有机碳含量采用重铬酸钾氧化法测定；土壤全氮含量采用凯氏定氮法测定；土壤全磷含量采用 $HClO_4$-H_2SO_4 法、分光光度法测定（Gucker et al.，1986）。

11.1.1.4　土壤微生物群落结构的测定

土壤微生物群落结构多样性采用磷脂脂肪酸法测定（Frostegard et al.，1991）。采用修正的 Bligh-Dyer 法进行脂类提取和磷脂脂肪酸的分析，用体积比为

1:2:0.8 的氯仿:甲醇:柠檬酸缓冲液振荡提取土壤总脂类,经固相萃取硅胶柱分离得到磷脂脂肪酸,将得到的磷脂脂肪酸进行碱性甲醇化后,用 Agilent 6890N 气相色谱仪分析,内标为正十九烷酸甲酯(19:0)(李范等,2014)。

本研究选取了 8 种指标,其中表征的磷脂脂肪酸有:一般细菌(12:0、14:0、15:0、16:0、17:0、18:0、19:0、20:0、24:0)、革兰氏阳性菌(a12:0、i13:0、a13:0、i14:0、a14:0、i15:0、a15:0、i16:0、a16:0、i17:0、a17:0、i17:1ω9c)、革兰氏阴性菌(16:1ω7c DMA、17:1ω8c、17:0cycloω7c、19:0cycloω7c、22:1ω9c)、真菌(18:2ω6c)、放线菌(10Me16:0、10Me17:0、10Me18:1ω7c、10Me17:1ω7c)、原生动物(20:4ω6c、20:5ω3c)、16:1ω5c 和 18:1ω9c。16:1ω5c 是表征丛枝菌根真菌的一个重要磷脂脂肪酸,16:1ω5c 在革兰氏阴性菌和丛枝菌根真菌中同时存在(Massaccesi et al.,2015);18:1ω9c 是表征真菌的重要脂肪酸,18:1ω9c 在革兰氏阴性菌和真菌中同时存在(Helfrich et al.,2015),且两者所占比例均较大。因此,本研究选取 16:1ω5c 和 18:1ω9c 作为独立的指标来表征微生物的数量。另外,本研究采用磷脂脂肪酸的相对丰度反映微生物群落组成(Guo et al.,2016)。

$$R_i(\%) = F_i / \sum_{i=1}^{n} F_i \times 100$$

式中,R_i 为第 i 类脂肪酸的相对丰度(%);F_i 为第 i 类脂肪酸的含量(nmol/g);$\sum_{i=1}^{n} F_i$ 为 8 类脂肪酸的总含量(nmol/g),$n=8$。

11.1.1.5 数据处理

用 SPSS 24.0 软件进行数据处理,用单因素方差分析和最小显著性差异法进行差异显著性检验;用 Origin 2018 制图;用 Canoco 5 软件进行主成分分析和冗余分析。

11.1.2 不同海拔对土壤理化性质的影响

不同海拔土壤理化性质存在显著差异(图 11-1)。土壤养分在不同海拔之间存在显著差异($P<0.05$)。随着海拔的升高土壤有机碳含量、土壤全氮含量呈增加趋势,土壤全磷含量变化随海拔升高呈波动趋势。土壤化学计量比在不同海拔之间也存在显著差异($P<0.05$),土壤 C:N 在海拔 2139m 处最高。土壤 N:P、土壤 C:P 在海拔 2249m 处较高;土壤物理性质在不同海拔之间存在显著差异($P<0.05$),土壤 pH、土壤容重随海拔的升高而降低,土壤含水量随着海拔升高而增加。

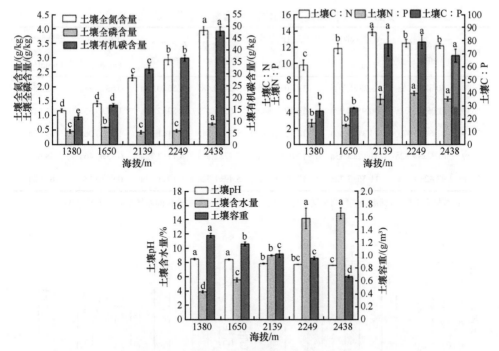

图 11-1　不同海拔土壤理化性质及元素化学计量比（马进鹏等，2022）

不含相同小写字母表示同一指标不同海拔间差异显著（$P<0.05$）

11.1.3　不同海拔对土壤微生物的影响

11.1.3.1　不同海拔对土壤微生物群落组成的影响

土壤微生物含量在不同海拔之间略显差异（表 11-1），不同海拔下土壤微生物真菌/细菌、革兰氏阳性菌/革兰氏阴性菌均存在差异（图 11-2）。其中，真菌/细菌在海拔 2139m 处最大，在海拔 1380m 处最小；革兰氏阳性菌/革兰氏阴性菌则在海拔 1650m 处最大，在海拔 2249m 处最低。其中，细菌含量、真菌含量、放线菌含量、革兰氏阳性菌含量、革兰氏阴性菌含量均表现出在海拔 2139m 处含量最高，在海拔 1380m 处含量最低，而原生动物含量则在海拔 1650m 处含量最高。不同海拔土壤微生物总量表现为 2139m＞2438m＞1650m＞2249m＞1380m（表 11-1）。

11.1.3.2　海拔对土壤微生物群落丰度的影响

不同土壤微生物群落的相对丰度在不同海拔之间存在差异（图 11-3）。一般细菌和真菌的相对丰度在不同海拔间的相对丰度存在显著差异（$P<0.05$），一般细菌的相对丰度在海拔 1650m 处最高，真菌的相对丰度在海拔 2139m 处最高。革兰

表 11-1　不同海拔下土壤微生物含量（马进鹏等，2022）

海拔/m	细菌含量/（nmol/g）	革兰氏阳性菌含量/（nmol/g）	革兰氏阴性菌含量/（nmol/g）	真菌含量/（nmol/g）	放线菌含量/（nmol/g）	原生动物含量/（nmol/g）	土壤微生物总量/（nmol/g）
1380	30.37±1.86a	6.99±1.21a	12.50±0.10a	3.64±0.48a	4.56±0.73a	0.63±0.25a	42.55a
1650	43.05±13.02a	10.95±4.27a	16.19±3.84a	4.65±1.52a	5.83±2.20a	1.17±0.35a	61.01a
2139	47.64±6.77a	14.31±3.00a	17.42±1.51a	6.55±1.24a	6.41±1.37a	1.11±0.06a	69.47a
2249	40.92±17.82a	11.12±5.33a	15.05±6.10a	5.77±2.59a	5.77±2.72a	0.83±0.46a	58.65a
2438	43.42±8.92a	11.36±3.72a	17.03±1.88a	5.49±1.52a	6.19±1.93a	0.94±0.13a	61.90a

注：数据为平均值±标准差。同列相同小写字母表示同一微生物不同海拔间差异不显著（$P \geq 0.05$）。

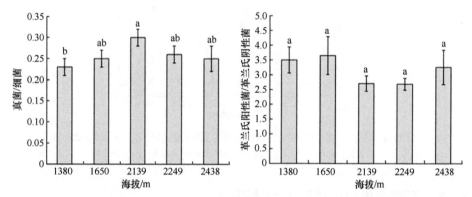

图 11-2　不同海拔下土壤微生物真菌/细菌、革兰氏阳性菌/革兰氏阴性菌变化趋势（马进鹏等，2022）

不含相同小写字母表示同一指标不同海拔间差异显著（$P < 0.05$）

氏阳性菌的相对丰度在不同海拔间无显著差异，在海拔 1380m 处最高，在海拔 2139m 处最低；而革兰氏阴性菌的相对丰度在不同海拔间存在显著差异（$P < 0.05$），在海拔 2249m 处的相对丰度要高于其他海拔。18:1ω9c 的相对丰度在不同海拔之间无显著差异，但相比而言，在海拔 2139m 处的相对丰度要高于其他海拔。16:1ω5c 的相对丰度在不同海拔间存在显著差异，在海拔 2438m 处的相对丰度低于其他海拔。放线菌和原生动物的相对丰度在不同海拔之间均无显著差异，但相比而言，在海拔 1380m 处放线菌的相对丰度略高于其他海拔，在海拔 1650m 处原生动物的相对丰度略高于其他海拔。总体而言，革兰氏阳性菌和放线菌的相对丰度随着海拔升高先下降后升高；一般细菌、真菌和 16:1ω5c 总体上随着海拔升高先升高后下降。

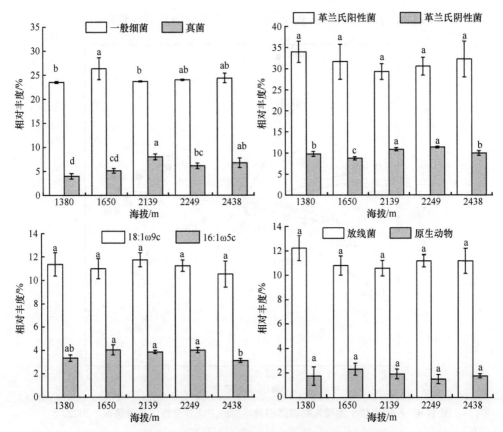

图 11-3　不同海拔不同微生物类群的相对丰度

不含相同小写字母表示同一微生物类群不同海拔间差异显著（$P<0.05$）

不同海拔土壤微生物相对丰度的主成分分析结果如图 11-4 所示。第 1 主成分贡献率为 52.76%，第 2 主成分贡献率为 28.72%，前两个主成分累计贡献率为 81.48%，对微生物相对丰度的差异解释能力强。革兰氏阳性菌、革兰氏阴性菌、真菌和 18:1ω9c 与第 1 主成分的相关性较强，相比之下，16:1ω5c 与第 1 主成分的相关性较弱，其中，革兰氏阴性菌、真菌、18:1ω9c 和 16:1ω5c 与第 1 主成分呈负相关，革兰氏阳性菌与第 1 主成分呈正相关。第 1 主成分载荷量相对较高的微生物有革兰氏阳性菌、革兰氏阴性菌及 16:1ω5c。放线菌、原生动物和一般细菌与第 2 主成分的相关性较强，其中，放线菌与第 2 主成分呈正相关，一般细菌、原生动物与第 2 主成分呈负相关，且放线菌和原生动物载荷量相对较高，而一般细菌载荷量相对较低。海拔取样点距离的大小表示样点间微生物群落结构的相似程度，距离越近则相似程度越高。可以看到，海拔 1380m 和 2139m 处微生物群落结构异质性比海拔 1380m 与其他海拔之间的微生物群落结构异质性高，而海拔

2249m 和 2438m 与海拔 1650m 处土壤微生物群落结构相似性较高。

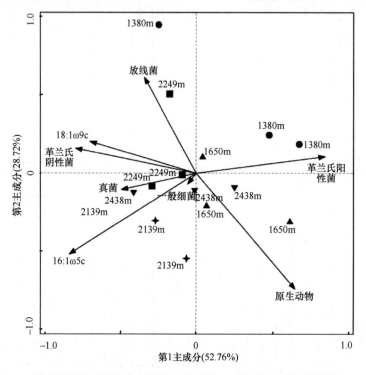

图 11-4　不同海拔土壤微生物群落相对丰度的主成分分析（马进鹏等，2022）

11.1.4　土壤微生物群落结构与土壤因子的关系

对不同海拔土壤微生物群落组成与土壤因子的冗余分析如图 11-5 所示。第一轴和第二轴共同解释变量的 70.86%。由图 11-5 可知，土壤微生物群落结构与土壤因子间的相关性较好。真菌与革兰氏阴性菌、一般细菌正相关，与革兰氏阳性菌、放线菌和原生动物负相关；革兰氏阳性菌与原生动物正相关，与其他土壤微生物负相关；革兰氏阴性菌与放线菌正相关，与原生动物负相关，与一般细菌相关性很小；丛枝菌根真菌的特征脂肪酸 16:1ω5c 与真菌、革兰氏阴性菌及一般细菌正相关，与放线菌和革兰氏阳性菌负相关。土壤含水量、土壤全氮含量、土壤有机碳含量、土壤 C∶N、土壤 C∶P、土壤 N∶P 之间正相关，与土壤容重和土壤 pH 呈负相关。海拔的变化引起土壤环境因子的变化，在土壤微生物群落组成中，真菌、一般细菌及 16:1ω5c 受土壤环境因子的影响较大。海拔的变化主要影响真菌、一般细菌、16:1ω5c、革兰氏阳性菌的相对丰度，海拔与真菌、一般细菌、16:1ω5c、革兰氏阴性菌及 18:1ω9c 正相关，与放线菌和革兰氏阳性菌负相关。

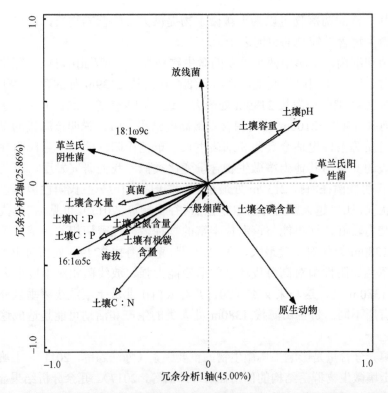

图 11-5　不同海拔土壤微生物群落结构与土壤因子冗余分析（马进鹏等，2022）

11.1.5　讨论

在森林生态系统中，植物、土壤和微生物相互作用。土壤微生物与地上植物关系密切，地上植物会直接或间接地影响土壤微生物，而土壤微生物也会反过来影响植物的生长（刘雅辉等，2021）。海拔的变化会在较短时间内影响气候环境因子的改变，土壤微生物作为土壤生态系统中的敏感指标会对环境的改变产生剧烈的响应（Tang et al.，2020）。通过分析贺兰山不同海拔下土壤微生物的含量可以看出，细菌的含量最高，其次是放线菌，再次是真菌，原生动物的含量最低；同时，海拔 2139m 处微生物的含量高于其他海拔，土壤微生物的含量整体有先增加后减小再增加的趋势，这与谷晓楠等（2017）研究长白山土壤微生物群落结构发现的随着海拔的升高土壤微生物含量呈现先增加后减少的变化趋势相似。吴则焰等（2014）研究武夷山不同海拔下土壤微生物发现，随着海拔的升高土壤微生物的种类和含量逐渐下降。孟苗婧等（2018）研究发现，在凤阳山针阔混交林地土壤微生物含量在不同海拔有所不同。由此可见，不同研究区域的土壤微生物含量有所差异。贺兰山海拔 2139～2438m 处分布着大量阔叶树，其丰富的凋落物可以为土壤微生物提供大量的营养物质，这可能是该海拔土壤微生物含量较高的原因之一。

真菌和细菌是土壤中两种重要的微生物种类，真菌/细菌可以表征这两个种群的相对丰度。我们研究发现，真菌和细菌在海拔 2139m 处的含量高于其他海拔，同时真菌/细菌在海拔 2139m 处最大，这与刘秉儒等（2013）在贺兰山研究发现的海拔 1900～2100m 处真菌含量最高的结果一致，说明该海拔的温度、水分、有机质等条件更适合真菌和细菌生长。革兰氏阳性菌和革兰氏阴性菌的含量随海拔的变化与其他土壤微生物含量变化类似。我们研究发现，革兰氏阳性菌/革兰氏阴性菌在海拔 2139m 处最小。革兰氏阳性菌/革兰氏阴性菌可以指示土壤营养状况，比值越大则营养胁迫越强烈（谷晓楠等，2017）。可见，在海拔 2139m 处土壤肥力较好，这可能与该海拔丰富的物种多样性密切相关。革兰氏阳性菌在海拔 1380m 处相对丰度最大，革兰氏阴性菌在海拔 2249m 处相对丰度最大，这说明革兰氏阴性菌对高海拔环境的适应能力强。放线菌相对丰度最大值出现在海拔 1380m 处，这与朱文杰（2011）对太白山北坡土壤放线菌垂直分布的研究结果有所不同。贺兰山海拔 1380m 处人类的生产和活动可能是造成这种现象的原因之一。

土壤养分含量是影响土壤微生物的重要因素（陈法霖等，2011），土壤的物理性质对土壤微生物群落结构的作用显著（郑洁等，2017）。冗余分析结果显示，海拔的变化引起土壤理化性质的变化，在一定程度上改变了土壤微生物的相对丰度。在森林生态系统中，物种丰富度不同，土壤性质的差异会较大，因此土壤各因子对微生物群落的作用也有所不同（Kaiser et al.，2010）。一般细菌、真菌和 16:1ω5c 受所有土壤因子的影响，因此它们相对丰度的影响因素比较复杂，它们与土壤容重和土壤 pH 呈负相关；革兰氏阳性菌主要受土壤容重、土壤 pH 和土壤含水量的影响，与土壤容重和土壤 pH 呈正相关，与土壤含水量呈负相关；原生动物主要受土壤全磷含量的影响，与土壤全磷含量正相关。

11.2 土壤酶活性及其化学计量特征

土壤胞外酶主要由土壤微生物产生，在复杂有机质的分解和土壤养分的转化中起着重要作用（Jing et al.，2016；Sinsabaugh et al.，2009）。土壤酶活性既可以反映土壤理化性质、生物量和生物多样性等的变化，也可以反映生态系统中 C、N、P 等养分的循环情况（曹瑞，2017）。土壤酶活性作为评价土壤质量和微生物代谢活性的有力指标，土壤酶介导微生物从土壤有机质中获取养分。由此可见，土壤酶是生态系统物质循环和能量流动的重要参与者。众多功能不同的胞外酶共存于土壤环境中，其中 β-葡萄糖苷酶、β-N-乙酰氨基葡萄糖苷酶、L-亮氨酸氨基肽酶和碱性磷酸酶可以催化产生生物可利用的末端单体（Zuo et al.，2018），与生态系统的 C、N、P 循环密切相关。

酶的化学计量比被认为是反映微生物与环境间相对资源限制的有效指标（Chen et al.，2018），常与微生物 C、N、P 养分需求现状相关（王冰冰等，2015；许淼平等，2018），可以反映微生物获取养分的能力（Cui et al.，2019；Deng et al.，2019），能够体现微生物生物量化学计量指标与土壤有机质组成之间的关系（Zechmeister-Boltenstern et al.，2015）。Sinsabaugh 等（2009）首次提出利用生态酶活性化学计量指标研究微生物代谢限制，结果发现，土壤 C∶N 酶活性比、C∶P酶活性比、N∶P 酶活性比的全球平均值分别为 1.41、0.62 和 0.44（Sinsabaugh et al.，2009）。土壤酶化学计量比偏离全球平均值时表示存在一定程度的养分限制。根据资源配置理论，当存在养分限制时，微生物可以通过产生胞外酶来获取限制性养分（Mooshammer et al.，2014）。金裕华等（2011）对武夷山土壤酶活性的研究表明，土壤酶活性随着海拔的升高总体呈上升趋势。陈倩妹等（2019）对川西亚高山针叶林土壤研究发现，该区土壤 C∶P 酶活性比、N∶P 酶活性比均高于全球尺度的土壤酶活性化学计量比，表明该地区碳、氮元素相对缺乏。这些结果表明，生态系统中微生物获取酶的能力可能与气候因子、植被类型、土壤性质等条件有关。土壤酶活性及其化学计量比受多种因子的影响，主要包括生物因子和非生物因子，如土壤的养分、水热条件、pH、微生物生物量等。

目前关于土壤酶性质的地理模式已得到广泛研究，但大多数集中在纬度梯度上，而关于不同海拔下土壤酶性质的研究相对较少（Gonzalez et al.，2015；Margesin et al.，2009）。海拔作为一个重要的地形因子，是决定山地生境差异的主导因子，通过影响气候和土壤性质等的变化直接或间接地影响土壤胞外酶活性及其化学计量特征（Margesin et al.，2009）。对不同海拔的研究不仅有利于生态理论的形成，而且还可以预测未来气候变化造成的影响（Hofmann et al.，2016）。山地生态系统因其独特的环境和地质特征，具有重要的生态功能。贺兰山位于我国温带草原区与荒漠区的分界处，是我国风沙区干旱山地森林生态系统的典型代表，植被多样性复杂且生态脆弱性较高（吴梦瑶等，2021a），沿海拔方向具有比较完整的山地垂直带谱。随着海拔的升高，土壤性质和植物类型均表现出明显差异。本研究选取贺兰山国家级自然保护区 5 个不同海拔垂直样带下的土壤为研究对象，探究土壤酶活性及其化学计量比沿海拔的变化规律，分析影响土壤酶活性变化的关键因子。我们的研究结果将有助于了解在气候变化背景下土壤酶活性及其化学计量比对海拔的响应，可为不同海拔土壤生态酶化学计量体系的进一步完善提供理论基础。

11.2.1 研究区与研究方法

11.2.1.1 研究区概况

研究区位于贺兰山国家级自然保护区，年平均气温−0.8℃，年平均降水量 420mm，是我国中温带半干旱与干旱地区山地生态系统的典型代表（梁存柱等，2004）。随海拔的变化，水热条件表现出明显的规律性更替，土壤类型和植被类型均有所差异，随海拔的升高，植被类型依次为荒漠草原、山地疏林草原、针阔混交林、温性针叶林、寒性针叶林和高山草甸；土壤类型依次为风沙土、灰漠土、棕钙土、灰褐土、亚高山草甸土。

11.2.1.2 实验设计

2020 年 9 月，沿贺兰山东坡自下而上选取海拔 1380m（荒漠草原）、1650m（蒙古扁桃灌丛）、2139m（油松林）、2249m（松杨混交林）和 2438m（青海云杉林）5 个样地，每个样地内随机设置 3 个样方，每个样方大小为 10m×10m，样方间隔不小于 10m。在每个样方内采用五点取样法取样。除去地表凋落物层后，用直径 4cm 的土钻采集 0～10cm 土层的土壤样品，样品混匀后装于自封袋，放入冷藏箱带回实验室。去除土壤中可见的粗根和石块后，将土样过 2mm 筛，将过筛后的土样分成两部分，一部分置于阴凉处自然风干，用于土壤理化性质的测定；另一部分放在 4℃冰箱保存，用于酶活性等相关指标的测定。

11.2.1.3 土壤理化性质的测定

土壤 pH 采用电位法测定（水土质量比为 2.5∶1）；土壤容重采用烘干法测定；土壤含水量采用环刀法测定；土壤有机碳含量采用重铬酸钾氧化法测定；土壤全氮含量采用凯氏定氮法测定；土壤全磷含量采用 $HClO_4$-H_2SO_4 法、分光光度法测定（Gucker et al.，1986）。

11.2.1.4 土壤酶活性的测定

采用微孔板荧光法（Chen et al.，2018）分别测定与 C 循环密切相关的 β-葡萄糖苷酶活性、与 N 循环密切相关的 β-N-乙酰氨基葡萄糖苷酶活性和 L-亮氨酸氨基肽酶活性以及与 P 循环密切相关的碱性磷酸酶活性，每个样品 8 次重复。最后通过土壤干重和反应时间计算水解酶的活力 ［nmol/（g·h）］（Marx et al.，2001）。

11.2.1.5　数据处理

采用单因素方差分析和回归分析比较不同海拔土壤理化性质、酶活性及其化学计量比沿海拔方向的变化规律。采用标准主轴回归检验土壤酶活性间的关系，回归斜率表示受 C、N 或 P 限制的相对程度，斜率偏离 1 的程度越大，表示限制的相对程度越大。采用 Pearson 相关性分析和逐步回归检验酶活性及其化学计量比与土壤理化性质之间的相关性。利用 SPSS 24.0 软件进行单因素方差分析和 Pearson 相关性分析，采用 R 3.0.1 进行回归分析。用 lnβG∶ln(NAG＋LAP)表示土壤碳氮酶活性比（其中，βG 为 β-葡萄糖苷酶；NAG 为 β-N-乙酰氨基葡萄糖苷酶；LAP 为 L-亮氨酸氨基肽酶），用 lnβG∶lnAKP 表示土壤碳磷酶活性比（其中，AKP 为碱性磷酸酶），用 ln(NAG＋LAP)∶lnAKP 表示土壤氮磷酶活性比。所有结果均以平均值±标准误表示。

11.2.2　不同海拔土壤理化特性

由表 11-2 可知，不同海拔土壤理化性质存在差异。随着海拔的升高，土壤含水量、土壤有机碳含量、土壤全氮含量逐渐增加，在海拔 2438m 处的最高。土壤容重和土壤 pH 沿海拔升高呈现递减的趋势，海拔 2438m 处的土壤容重显著低于其他海拔。随着海拔的升高，土壤 C∶N、土壤 C∶P 整体呈现先增大后减小的变化趋势，而土壤 N∶P 呈现先减小再增大再减小的变化趋势，其中，土壤 C∶N 在海拔 2139m 处显著高于其他海拔，土壤 C∶P 和土壤 N∶P 在海拔 2249m 处达到峰值。

表 11-2　不同海拔的土壤理化性质（万红云等，2021）

海拔/m	土壤容重/(g/cm)	土壤含水量/%	土壤 pH	土壤有机碳含量/(g/kg)	土壤全氮含量/(g/kg)	土壤全磷含量/(g/kg)	土壤 C∶N	土壤 C∶P	土壤 N∶P
1380	1.32±0.01a	3.9±0.1d	8.48±0.08a	11.49±0.71e	1.17±0.04d	0.45±0.04c	9.80±0.44c	26.16±3.60b	2.66±0.31b
1650	1.19±0.02a	5.6±0.2c	8.41±0.05a	16.63±0.44d	1.41±0.07d	0.59±0.01b	11.81±0.44b	28.32±0.43b	2.40±0.09b
2139	1.15±0.11a	9.0±0.1b	7.82±0.05b	31.83±1.20c	2.31±0.06c	0.42±0.04c	13.82±0.29a	77.31±6.47a	5.59±0.42a
2249	1.07±0.20a	14.2±1.0a	7.71±0.02bc	36.52±0.93b	2.94±0.12b	0.47±0.03c	12.47±0.34b	78.94±3.72a	6.32±0.17a
2438	0.70±0.07b	14.9±0.5a	7.58±0.01c	47.88±1.31a	3.95±0.11a	0.70±0.03a	12.13±0.22b	68.47±3.39a	5.64±0.18a

注：同列不含相同小写字母表示不同海拔间差异显著（$P < 0.05$）。

11.2.3　不同海拔土壤酶活性及其化学计量特征

由图 11-6 的回归分析可知，参与 C 循环的 β-葡萄糖苷酶活性和参与 N 循环的 β-N-乙酰氨基葡萄糖苷酶活性随着海拔的升高整体上呈现先增后减的变化趋势；参与 P 循环的碱性磷酸酶活性随着海拔的升高表现出递增的趋势；参与 N 循环的 L-亮氨酸氨基肽酶活性随海拔升高拟合趋势不明显。β-葡萄糖苷酶在海拔 2139m 处的活性高于其他海拔；β-N-乙酰氨基葡萄糖苷酶在海拔 2249m 处的活性最高；L-亮氨酸氨基肽酶活性随着海拔的升高呈现降—升—降的变化趋势，其中，海拔 1650m 处的活性低于其他海拔，在该海拔前后出现了明显的下降或上升；碱性磷酸酶活性在海拔 2438m 处高于其他海拔。

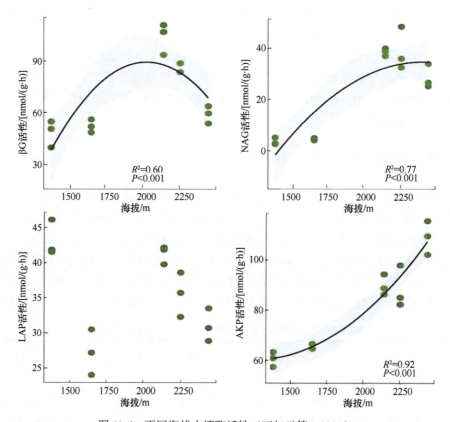

图 11-6　不同海拔土壤酶活性（万红云等，2021）
βG：β-葡萄糖苷酶；NAG：β-N-乙酰氨基葡萄糖苷酶；LAP：L-亮氨酸氨基肽酶；AKP：碱性磷酸酶，本章后同

由图 11-7 的回归分析可知，随着海拔的上升，土壤碳氮酶活性比和土壤碳磷酶活性比表现出先增后减的变化趋势。土壤碳磷酶活性比在海拔 2139m 处最高；土壤氮磷酶活性比沿海拔升高表现出与 L-亮氨酸氨基肽酶活性相似的变化趋势，在海拔 1650m 处低于其他海拔。

标准主轴回归分析显示，酶化学计量比之间存在显著/极显著的线性关系，土壤碳氮酶活性比的斜率为 0.922，极显著小于 1；土壤碳磷酶活性比、土壤氮磷酶活性比的斜率分别为 1.440 和 1.563，均显著/极显著大于 1（图 11-8）。

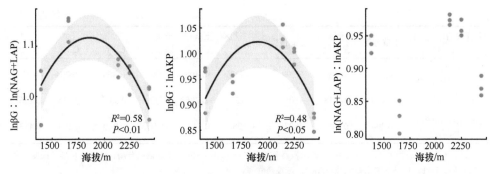

图 11-7　不同海拔土壤酶化学计量比

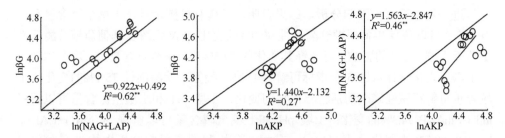

图 11-8　不同海拔土壤 C、N、P 酶活性关系的标准主轴回归分析（万红云等，2021）

*表示差异显著（$P<0.05$），**表示差异极显著（$P<0.05$）

11.2.4　土壤理化性质与土壤酶活性及其化学计量比的关系

由表 11-3 可知，贺兰山不同海拔土壤理化性质对土壤酶活性及其化学计量比均有一定影响。β-葡萄糖苷酶活性、β-N-乙酰氨基葡萄糖苷酶活性和碱性磷酸酶活性与土壤养分化学计量比呈显著/极显著正相关，与土壤 pH 呈显著/极显著负相关，其中，土壤含水量、土壤有机碳含量和土壤全氮含量对 β-N-乙酰氨基葡萄糖苷酶活性和碱性磷酸酶活性有极显著的促进作用。L-亮氨酸氨基肽酶活性只表现出与土壤全磷含量呈极显著负相关。lnβG：lnAKP、ln(NAG＋LAP)：lnAKP 均与土壤全磷含量呈极显著负相关，lnβG：lnAKP 与土壤 C：N 呈显著正相关。此外，土壤容重与碱性磷酸酶活性呈极显著负相关。

表 11-3　土壤酶活性及其化学计量比与土壤理化性质的 Pearson 相关性分析（万红云等，2021）

土壤酶活性及其化学计量比	土壤容重	土壤含水量	土壤 pH	土壤有机碳含量	土壤全氮含量	土壤全磷含量	土壤 C：N	土壤 C：P	土壤 N：P
βG 活性	0.007	0.395	−0.576*	0.428	0.289	−0.496	0.838**	0.816**	0.724**
NAG 活性	−0.407	0.790**	−0.869**	0.781**	0.706**	−0.097	0.725**	0.925**	0.909**
LAP 活性	0.356	−0.226	0.136	−0.241	−0.281	−0.716**	−0.097	0.096	0.085
AKP 活性	−0.743**	0.905**	−0.905**	0.955**	0.933**	0.371	0.566*	0.802**	0.824**

续表

土壤酶活性及其化学计量比	土壤容重	土壤含水量	土壤 pH	土壤有机碳含量	土壤全氮含量	土壤全磷含量	土壤C∶N	土壤C∶P	土壤N∶P
lnβG∶ln(NAG+LAP)	0.316	−0.368	0.299	−0.332	−0.406	−0.066	0.306	−0.204	−0.314
lnβG∶lnAKP	0.470	−0.148	−0.051	−0.152	−0.286	−0.742**	0.537*	0.346	0.236
ln(NAG+LAP)∶lnAKP	0.204	0.149	−0.278	0.108	0.043	−0.671**	0.240	0.485	0.473

注：*表示显著相关（$P<0.05$）；**表示极显著相关（$P<0.01$）。βG：β-葡萄糖苷酶；NAG：β-N-乙酰氨基葡萄糖苷酶；LAP：L-亮氨酸氨基肽酶；AKP：碱性磷酸酶。

进一步进行逐步回归分析，结果表明，土壤有机碳含量、土壤全氮含量和土壤C∶P可以解释β-葡萄糖苷酶活性90.4%的变化；β-N-乙酰氨基葡萄糖苷酶活性主要受土壤C∶P的影响，可解释其变化的84.5%；土壤全氮含量、土壤全磷含量及土壤元素化学计量比5个指标可解释L-亮氨酸氨基肽酶活性75.1%的变化；土壤容重可解释碱性磷酸酶活性51.7%的变化；土壤 pH 和土壤全氮含量可以解释lnβG∶lnAKP 74.3%的变化；土壤 pH 和土壤全磷含量可以解释 ln(NAG+LAP)∶lnAKP 60.7%的变化（表 11-4）。在相关分析和逐步回归分析中均没有发现对lnβG∶ln(NAG+LAP)有显著影响的因子。

表 11-4　土壤酶活性及其化学计量比与土壤理化性质的逐步回归分析（万红云等，2021）

回归方程	调整后的 R^2	P 值
$y_1=47.234+3.379x_4−51.920x_5+0.847x_8$	0.904	0.000
$y_2=−11.432+0.618x_8$	0.845	0.000
$y_3=183.463+24.248x_5−150.680x_6−5.852x_7+1.669x_8−32.874x_9$	0.751	0.002
$y_4=139.30−51.98x_2$	0.517	0.002
$y_5=4.116−0.355x_1−0.138x_5$	0.743	0.000
$y_6=1.710−0.073x_1−0.398x_6$	0.607	0.001

注：y_1 表示 βG 活性；y_2 表示 NAG 活性；y_3 表示 LAP 活性；y_4 表示 AKP 活性；y_5 表示 lnβG∶lnAKP；y_6 表示 ln(NAG+LAP)∶lnAKP；x_1 表示土壤 pH；x_2 表示土壤容重；x_4 表示土壤有机碳含量；x_5 表示土壤全氮含量；x_6 表示土壤全磷含量；x_7 表示土壤 C∶N；x_8 表示土壤 C∶P；x_9 表示土壤 N∶P。

11.2.5　讨论

11.2.5.1　驱动不同海拔土壤酶活性变化的因子

不同海拔下的气候条件、土壤性质和植被类型等都有所差异，多种因素共同作用，导致土壤酶活性及其化学计量比沿海拔方向的变化不同。本研究中，β-葡萄糖苷酶活性和β-N-乙酰氨基葡萄糖苷酶活性随着海拔升高先增后减，碱性磷酸酶活性随着海拔的升高逐渐增强。土壤理化性质能通过土壤中可利用基质的浓度和养分有效性来影响胞外酶活性（Kivlin and Treseder，2014）。在本研究中，土壤含水量、土壤 pH、土壤有机碳含量和土壤全氮含量等因子与土壤胞外酶活性均有显著关系。土壤含水量可以通过抑制化合物的扩散速率和为各种酶促反应提供反应条件与场所来影响酶活性（Zak et al.，1999；谷晓楠等，2017）。本研究中，土壤含水量与 β-N-乙酰氨基葡萄糖苷酶活性和碱性磷酸酶活性呈极显著正相关，说明土壤水分的升高有助于增强土壤酶活性。研究表明，土壤 pH 对研究土壤酶活性具有重要意义，一方面，土壤 pH 对土壤酶活性的影响可以反映气候对土壤性质及大范围内植物和微生物群落的影响；另一方面，土壤 pH 可以通过改变酶活性位点的构象，从而使酶活性在不同的土壤 pH 下更有效地发挥作用（Jing et al.，2016；Sinsabaugh et al.，2002）。

不同土壤酶活性的最适 pH 不同。在本研究中，土壤 pH 在各个海拔均维持在碱性水平。随着海拔的升高，土壤碱性逐渐降低，对土壤酶活性的抑制作用逐渐减弱（Peng and Wang，2016），这与 Sinsabaugh 等（2008）的研究结果一致。土壤养分含量通过影响植物和微生物的生长而间接作用于土壤酶，使土壤酶活性与养分之间产生关联（Koch et al.，2007）。当土壤养分利用率低时，土壤微生物通过分泌相应的酶满足其对养分的需求（Sinsabaugh et al.，2008；Wallenius et al.，2011）。Xu 等（2017）研究发现，随着土壤养分含量的降低或增加，土壤酶活性表现出相对复杂的变化，这可能是土壤酶活性受养分需求和养分供应共同调控，导致土壤酶活性与养分之间关系尚不明确。在本研究中，β-N-乙酰氨基葡萄糖苷酶活性、碱性磷酸酶活性与土壤有机碳含量、土壤全氮含量呈极显著正相关，这可能是因为土壤有机碳含量和土壤全氮含量可以为土壤酶的生产供应能量，这与斯贵才等（2014）发现土壤含水量、土壤有机碳含量、土壤全氮含量等理化指标与土壤酶活性呈显著正相关的研究结果一致。Sinsabangh 等（2009）的研究结果显示，土壤酶活性很大程度上受土壤化学计量比和微生物生物量的影响。本研究相关分析表明，土壤酶活性（L-亮氨酸氨基肽酶除外）与土壤化学计量比之间存在极显著的正相关，但逐步分析与相关分析得出的结果有所差异，这可能是由于土壤酶受多种因素（如土壤理化性质、水热条件和植被类型等）共同作用（解梦怡等，2020）。此外，本研究发现，各种土壤酶活性在中海拔（2139m）地区均处于较高水平。这可能有两方面原因，一方面可能与植被类型有关。贺兰山植被沿海拔升高呈现出荒漠草原—灌丛—乔木林的变化趋势，该区间处于灌丛到乔木林的过渡范围。贺兰山海拔 1700~2200m 植物物种丰富度最高，根系发达（刘秉儒等，2013），凋落物的增多和植物根系分泌物的多样性都可能是导致此范围内土壤酶活性增加的因素。另一方面可能是由于随着海拔升高，降水增加，土壤温度降低，中海拔处的水热条件较好。较好的水热条件促进了土壤酶活性。值得注意的是，碱性磷酸酶活性随着海拔的升高整体呈递增趋势，一方面可能是因为土壤中的磷主要源于成土母质且受植被变化的影响小，当土壤中磷的有效性较低时，土壤微生物会增加 P 循环相关酶的产生，以促进土壤磷循环（谷晓楠等，2017）；另一方面，逐步回归表明，土壤容重是影响碱性磷酸酶活性的主要因子。在本研究中，土壤容重随海拔上升呈递减趋势。有研究表明，土壤容重变小会引起根系分布增多，从而导致根系分泌物的增加，进一步促进土壤微生物的代谢产生（李聪等，2020）。然而，关于植被类型和水热组合对土壤酶活性及其化学计量比的影响机制仍需进一步研究。

11.2.5.2　土壤酶化学计量特征和养分限制

土壤酶化学计量与土壤 C、N 和 P 养分获取有关，可以反映微生物养分获取能力，以及有限资源的可利用性与能量和养分的限制状况（Deng et al.，2019；Li et al.，2020）。随着海拔的上升，土壤碳氮酶活性比与土壤碳磷酶活性比整体上先增后减。相关分析表明，土壤酶化学计量比主要受土壤 C∶N 和土壤全磷含量的影响。进一步逐步回归显示，土壤酶化学计量比也与土壤 pH、土壤全氮含量和土壤全磷含量有关，土壤碳氮酶活性比与土壤理化性质之间无显著相关。在本研究中，土壤化学元素的组成比例并不能很好地解释土壤酶化学计量比。一方面，土壤酶主要源于土壤微生物，其化学计量比更多的是反映土壤微生物生物量的组成；另一方面，土壤酶化学计量比与其他土壤因子的相关性强于其与土壤元素组成的相关性（王冰冰等，2015）。本研究发现，本研究区土壤碳氮酶活性比低于全球陆地生态系统的平均值（1.41），土壤碳磷酶活性比和土壤氮磷酶活性比分别高于全球陆地生态系统的平均值（0.62）和（0.44），且本研究区土壤碳磷低于全球尺度土壤 N∶P（13∶1）。由此得出，本研究区氮分解酶活性高于全球尺度，存在一定程度的氮限制。根据资源配置理论，当土壤中存在氮限制时，微生物为满足自身的养分需求会在 C、N 和 P 的获取中进行权衡，对 N 源酶的资源投入会增多（Mooshammer et al.，2014），进而使氮分解酶活性升高。这与黄海莉等（2019）关于青藏高原高寒草甸高海拔地区存在一定氮限制的研究结果一致。此外，参与营养物质分解的酶的活性可以反映微生物资源被分配给营养物质的程度和该营养物质的矿物质缺乏状态（Sinsabaugh et al.，2008）。随着海拔的升高，参与 N 循环的 β-N-乙酰氨基葡萄糖苷酶活性和 L-亮氨酸氨基肽酶活性加和后呈现先增后减的变化趋势，表明该区的氮限制可能经历了一个相对增强又相对减弱的过程。

主要参考文献

安永平, 虎久强, 张小勤. 2005. 宁夏南部山区生态环境现状及生态治理对策 // 宁夏回族自治区林学会. 宁夏回族自治区林学会第六届学术年会论文集. 银川: 109-113.

鲍士旦. 2000. 土壤农化分析. 3 版. 北京: 中国农业出版社: 257-263.

曹恭祥, 王绪芳, 熊伟, 等. 2013. 宁夏六盘山人工林和天然林生长季的蒸散特征. 应用生态学报, 24(8): 2089-2096.

曹瑞. 2017. 土壤微生物群落结构随海拔和关键时期的变化. 雅安: 四川农业大学硕士学位论文.

曹生奎, 冯起, 司建华, 等. 2009. 植物叶片水分利用效率研究综述. 生态学报, 29(7): 3882-3892.

陈宝玉, 王洪君, 杨建, 等. 2009. 土壤呼吸组分区分及其测定方法. 东北林业大学学报, 37(1): 96-99.

陈灿, 江灿, 范海兰, 等. 2017. 凋落物去除/保留对杉木人工林林窗和林内土壤呼吸的影响. 生态学报, 37(1): 102-109.

陈婵, 张仕吉, 李雷达, 等. 2019. 中亚热带植被恢复阶段植物叶片、凋落物、土壤碳氮磷化学计量特征. 植物生态学报, 43(8): 658-671.

陈法霖, 郑华, 阳柏苏, 等. 2011. 中亚热带几种针、阔叶树种凋落物混合分解对土壤微生物群落碳代谢多样性的影响. 生态学报, 31(11): 3027-3035.

陈芳, 盖艾鸿, 李纯斌. 2009. 甘肃省土壤有机碳储量及空间分布. 干旱区资源与环境, 23(11): 176-181.

陈高路. 2021. 贺兰山典型植物光合特性及固碳释氧能力研究. 银川: 宁夏大学硕士学位论文.

陈高路, 陈林, 庞丹波, 等. 2021b. 贺兰山 10 种典型植物固碳释氧能力研究. 水土保持学报, 35(3): 206-213, 220.

陈高路, 庞丹波, 马进鹏, 等. 2021a. 贺兰山10种典型植物光合及水分利用效率特征研究. 西北植物学报, 41(2): 290-299.

陈路红, 苏凯文, 郑伟, 等. 2017. 云南 2 种主要灌丛土壤有机碳分布特征及其影响因子研究. 西南林业大学学报(自然科学), 37(5): 106-113.

陈倩妹, 王泽西, 刘洋, 等. 2019. 川西亚高山针叶林土壤酶及其化学计量比对模拟氮沉降的响应. 应用与环境生物学报, 25(4): 791-800.

陈心桐, 徐天乐, 李雪静, 等. 2019. 中国北方自然生态系统土壤有机碳含量及其影响因素. 生态学杂志, 38(4): 1133-1140.

陈宇轩, 张飞岳, 高广磊, 等. 2020. 科尔沁沙地樟子松人工林土壤粒径分布特征. 干旱区地理, 43(4): 1051-1058.

陈月华, 廖建华, 覃事妮. 2012. 长沙地区 19 种园林植物光合特性及固碳释氧测定. 中南林业科技大学学报, 32(10): 116-120.

陈志芳. 2014. 戴云山不同森林类型土壤微生物群落多样性特征的研究. 福州: 福建农林大学博士学位论文.

程浩, 张厚喜, 黄智军, 等. 2018. 武夷山不同海拔高度土壤有机碳含量变化特征. 森林与环境学报, 38(2): 135-141.

程积民, 万惠娥, 胡相明, 等. 2006. 半干旱区封禁草地凋落物的积累与分解. 生态学报, 26(4): 1207-1212.

刁浩宇, 王安志, 袁凤辉, 等. 2019. 长白山阔叶红松林演替序列植物-凋落物-土壤碳同位素特征. 应用生态学报, 30(5): 1435-1444.

丁俊祥, 邹杰, 唐立松, 等. 2015. 克里雅河流域荒漠-绿洲交错带 3 种不同生活型植物的光合特性. 生态学报, 35(3): 733-741.

东主, 马和平. 2018. 1998~2017 年我国森林土壤有机碳研究文献分析. 绿色科技, 20(8): 15-18.

杜沐东. 2013. 不同生态区农田土壤有机碳含量空间变异特征及其影响因素分析. 成都: 四川农业大学硕士学位论文.

樊亚鹏, 高迪, 王晓. 2019. 枯落物层对六盘山华北落叶松人工林土壤性质的影响. 绿色科技, 21(20): 6-9.

冯晶红, 刘德富, 吴耕华, 等. 2020. 三峡库区消落带适生植物固碳释氧能力研究. 水生态学杂志, 41(1): 1-8.

高迪, 郭建斌, 王彦辉, 等. 2019. 宁夏六盘山不同林龄华北落叶松人工林枯落物水文效应. 林业科学研究, 32(4): 26-32.

高强, 马明睿, 韩华, 等. 2015. 去除和添加凋落物对木荷林土壤呼吸的短期影响. 生态学杂志, 34(5): 1189-1197.

格格. 2018. PLFA 作为生物标记物在土壤微生物研究中的应用. 呼伦贝尔学院学报, 26(1): 93-99.

古佳玮, 冼丽铧, 郑峰霖, 等. 2023. 9 种园林植物幼苗光合特性及固碳释氧能力研究. 林业与环境科学, 39(2): 46-53.

谷晓楠, 贺红士, 陶岩, 等. 2017. 长白山土壤微生物群落结构及酶活性随海拔的分布特征与影响因子. 生态学报, 37(24): 8374-8384.

郭全恩, 南丽丽, 李保国, 等. 2018. 咸水灌溉对盐渍化土壤有机碳和无机碳的影响. 灌溉排水学报, 37(3): 66-71, 128.

韩忠明, 王云贺, 林红梅, 等. 2014. 吉林不同生境防风夏季光合特性. 生态学报, 34(17): 4874-4881.

郝翔翔. 2017. 不同生态系统下黑土剖面有机质变化特征. 北京: 中国科学院大学(中国科学院东北地理与农业生态研究所)博士学位论文.

郝鑫杰, 李素英, 王继伟, 等. 2017. 呼和浩特市 13 种绿化植物固碳释氧效率的比较研究. 西北植物学报, 37(6): 1196-1204.

何亚婷. 2015. 长期施肥下我国农田土壤有机碳组分和结构特征. 北京: 中国农业科学院博士后出站论文.

侯浩. 2016. 甘肃小陇山森林生态系统碳储量研究. 杨凌: 西北农林科技大学硕士学位论文.

胡亚林, 汪思龙, 颜绍馗. 2006. 影响土壤微生物活性与群落结构因素研究进展. 土壤通报, 37(1): 170-176.

胡耀升, 么旭阳, 刘艳红. 2015. 长白山森林不同演替阶段比叶面积及其影响因子. 生态学报, 35(5): 1480-1487.

黄昌勇, 徐建明. 2010. 土壤学. 3 版. 北京: 中国农业出版社: 36-37.

黄甫昭, 李冬兴, 王斌, 等. 2019. 喀斯特季节性雨林植物叶片碳同位素组成及水分利用效率.

应用生态学报, 30(6): 1833-1839.

黄海莉, 宗宁, 何念鹏, 等. 2019. 青藏高原高寒草甸不同海拔土壤酶化学计量特征. 应用生态学报, 30(11): 3689-3696.

黄昕琦, 李恩贵, 张景慧, 等. 2016. 内蒙古西部自然植被土壤碳库及其影响因素. 干旱区资源与环境, 30(8): 165-171.

黄永珍, 王晟强, 叶绍明. 2020. 杉木林分类型对表层土壤团聚体有机碳及养分变化的影响. 应用生态学报, 31(9): 2857-2865.

姬学龙, 秦伟春, 魏浩男, 等. 2019. 宁夏罗山国家级自然保护区不同植被类型保育土壤功能及价值评估. 宁夏工程技术, 18(2): 165-168.

季波. 2015. 宁夏贺兰山主要森林群落生物量及碳储量研究. 银川: 宁夏大学硕士学位论文.

季波, 何建龙, 李娜, 等. 2015. 宁夏贺兰山主要森林树种的含碳率分析. 水土保持通报, 35(2): 332-335.

季波, 王继飞, 何建龙, 等. 2014a. 宁夏贺兰山自然保护区青海云杉林的有机碳储量. 草业科学, 31(8): 1445-1449.

季波, 许浩, 何建龙, 等. 2014b. 宁夏贺兰山青海云杉林土壤碳储量研究. 生态科学, 33(5): 920-925.

姜俊彦, 黄星, 李秀珍, 等. 2015. 潮滩湿地土壤有机碳储量及其与土壤理化因子的关系: 以崇明东滩为例. 生态与农村环境学报, 31(4): 540-547.

姜鹏, 秦召文, 王永明, 等. 2014. 不同无性繁殖造林小黑杨生物量模型研究. 中南林业科技大学学报, 34(3): 73-77.

姜霞, 吴鹏, 谢涛, 等. 2018. 雷公山自然保护区森林土壤碳、氮、磷化学计量特征的垂直地带性. 江苏农业科学, 46(14): 292-295.

金裕华, 汪家社, 李黎光, 等. 2011. 武夷山不同海拔典型植被带土壤酶活性特征. 生态学杂志, 30(9): 1955-1961.

井水水. 2018. 全球变化主要驱动因子对中国北方半干旱草地生态系统碳稳定同位素组成和土壤碳库的影响. 开封: 河南大学硕士学位论文.

雷梅, 常庆瑞, 冯立孝, 等. 2001. 环境因素对秦岭中山区土壤特性和氧化铁分布的影响 // 中国土壤学会青年工作委员会, 中国植物营养与肥料学会青年工作委员会. 青年学者论土壤与植物营养科学——第七届全国青年土壤暨第二届全国青年植物营养科学工作者学术讨论会论文集. 北京: 中国农业科技出版社: 32-38.

李程程, 曾全超, 贾培龙, 等. 2020. 黄土高原土壤团聚体稳定性及抗蚀性能力经度变化特征. 生态学报, 40(6): 2039-2048.

李聪, 吕晶化, 陆梅, 等. 2020. 滇东南典型常绿阔叶林土壤酶活性的海拔梯度特征. 林业科学研究, 33(6): 170-179.

李范, 周星梅, 蒋海波, 等. 2014. 磷脂脂肪酸分析中内标物的使用及数据处理建模. 微生物学通报, 41(12): 2574-2581.

李鉴霖, 江长胜, 郝庆菊. 2014. 土地利用方式对缙云山土壤团聚体稳定性及其有机碳的影响. 环境科学, 35(12): 4695-4704.

李金全, 李兆磊, 江国福, 等. 2016. 中国农田耕层土壤有机碳现状及控制因素. 复旦学报(自然科学版), 55(2): 247-256, 266.

李景, 吴会军, 武雪萍, 等. 2015. 长期保护性耕作提高土壤大团聚体含量及团聚体有机碳的作用. 植物营养与肥料学报, 21(2): 378-386.

李梦. 2014. 木兰科几种常用绿化树种光合特性及固碳能力研究. 杭州: 浙江农林大学硕士学位论文.

李娜, 马生虎, 王继飞, 等. 2016. 宁夏贺兰山灰榆林的有机碳储量研究. 江苏农业科学, 44(10): 251-254.

李娜, 盛明, 尤孟阳, 等. 2019. 应用 ^{13}C 核磁共振技术研究土壤有机质化学结构进展. 土壤学报, 56(4): 796-812.

李巧燕, 王襄平. 2013. 长江三峡库区物种多样性的垂直分布格局: 气候、几何限制、面积及地形异质性的影响. 生物多样性, 21(2): 141-152.

李伟晶, 陈世苹, 张兵伟, 等. 2018. 半干旱草原土壤呼吸组分区分与菌根呼吸的贡献. 植物生态学报, 42(8): 850-862.

李兴民, 车克钧, 杨永红, 等. 2014. 白龙江上游不同海拔森林土壤养分变化规律研究. 甘肃农业大学学报, 49(6): 131-137.

李学斌, 陈林, 吴秀玲, 等. 2012. 荒漠草原 4 种典型植物群落枯落物输入对土壤呼吸的影响. 北京林业大学学报, 34(5): 80-85.

李宜浓, 周晓梅, 张乃莉, 等. 2016. 陆地生态系统混合凋落物分解研究进展. 生态学报, 36(16): 4977-4987.

李玉强, 赵哈林, 李玉霖, 等. 2008. 沙地土壤呼吸观测与测定方法比较. 干旱区地理, 31(5): 680-686.

李忠, 孙波, 林心雄. 2001. 我国东部土壤有机碳的密度及转化的控制因素. 地理科学, 21(4): 301-307.

梁存柱, 朱宗元, 王炜, 等. 2004. 贺兰山植物群落类型多样性及其空间分异. 植物生态学报, 28(3): 361-368.

梁咏亮. 2012. 贺兰山灰榆疏林单株生物量回归模型的研究. 林业资源管理, (5): 98-104.

刘秉儒, 璩向宁, 李志刚, 等. 2010. 贺兰山森林生态系统长期定位研究的重大意义与研究内容. 宁夏农林科技, 51(1): 53-54, 28.

刘斌, 刘建军, 任军辉, 等. 2010. 贺兰山天然油松林单株生物量回归模型的研究. 西北林学院学报, 25(6): 69-74.

刘秉儒, 张秀珍, 胡天华, 等. 2013. 贺兰山不同海拔典型植被带土壤微生物多样性. 生态学报, 33(22): 7211-7220.

刘波. 2021. 宁夏不同气候区森林土壤有机碳分布特征及其影响因素. 银川: 宁夏大学硕士学位论文.

刘刚, 陆元昌, 李晓慧, 等. 2009. 六盘山地区气候因子对树木年轮生长的影响. 东北林业大学学报, 37(4): 1-4.

刘丽贞. 2021. 宁夏典型林分叶片、凋落物和土壤稳定碳同位素特征研究. 银川: 宁夏大学硕士学位论文.

刘满强, 胡锋, 陈小云. 2007. 土壤有机碳稳定机制研究进展. 生态学报, 27(6): 2642-2650.

刘旻霞, 夏素娟, 穆若兰, 等. 2020. 黄土高原中部三种典型绿化植物光合特性的季节变化. 生态学杂志, 39(12): 4098-4109.

刘倩, 仲启铖, 曹流芳, 等. 2014. 滨海围垦区几种耐盐乔灌木的光合特性比较. 生态与农村环境学报, 30(1): 113-118.

刘胜涛, 牛香, 王兵, 等. 2019. 宁夏贺兰山自然保护区森林生态系统净化大气环境功能. 生态学杂志, 38(2): 420-426.

刘世荣, 王晖, 栾军伟. 2011. 中国森林土壤碳储量与土壤碳过程研究进展. 生态学报, 31(19): 5437-5448.

刘伟, 程积民, 高阳, 等. 2012. 黄土高原草地土壤有机碳分布及其影响因素. 土壤学报, 49(1): 68-76.

刘尉. 2016. 大渡河中游干旱河谷区云南松人工林凋落叶分解和土壤呼吸对增加降水的响应. 成都: 四川农业大学博士学位论文.

刘雪莲, 何云玲, 张淑洁, 等. 2016. 昆明市常见绿化植物冬季固碳释氧能力研究. 生态环境学报, 25(8): 1327-1335.

刘雅辉, 孙建平, 马佳, 等. 2021. 3 种耐盐植物对滨海盐土化学性质及微生物群落结构的影响. 农业资源与环境学报, 38(1): 28-35.

刘艳, 查同刚, 王伊琨, 等. 2013. 北京地区栓皮栎和油松人工林土壤团聚体稳定性及有机碳特征. 应用生态学报, 24(3): 607-613.

刘振生, 高惠, 滕丽微, 等. 2013. 基于 MAXENT 模型的贺兰山岩羊生境适宜性评价. 生态学报, 33(22): 7243-7249.

吕富成, 王小丹. 2017. 凋落物对土壤呼吸的贡献研究进展. 土壤, 49(2): 225-231.

栾军伟, 向成华, 骆宗诗, 等. 2006. 森林土壤呼吸研究进展. 应用生态学报, 17(12): 2451-2456.

马超, 王夏冰, 刘畅. 2019. 41 年罗山自然保护区人地关系的演进与孤立生境的形成. 生态学报, 39(20): 7709-7721.

马剑英, 陈发虎, 夏敦胜, 等. 2007. 塔里木盆地荒漠植物与表土碳同位素组成研究. 冰川冻土, 29(1): 144-148.

马进鹏, 庞丹波, 陈林, 等. 2022. 贺兰山不同海拔植被下土壤微生物群落结构特征. 生态学报, 42(2): 667-676.

马利民, 刘禹, 赵建夫. 2003. 贺兰山油松年轮中稳定碳同位素含量和环境的关系. 环境科学, 24(5): 49-53.

马盼盼. 2019. 退化高寒草地土壤团聚体稳定性及其养分特征. 兰州: 兰州大学硕士学位论文.

毛国平, 胡军国, 严邦祥, 等. 2018. 森林土壤呼吸空间格局的研究现状. 安徽农业科学, 46(6): 16-20.

孟苗婧, 郭晓平, 张金池, 等. 2018. 海拔变化对凤阳山针阔混交林地土壤微生物群落的影响. 生态学报, 38(19): 7057-7065.

穆天民. 1982. 贺兰山区青海云杉森林群落的生物量. 内蒙古林业科技, (1): 34-45.

宁有丰, 刘卫国, 安芷生. 2005. 植物-土壤有机质转化过程中的碳同位素组成变化. 地球学报, (26): 236.

欧阳园丽, 吴小刚, 林小凡, 等. 2020. 九连山自然保护区土壤有机碳时空变异的耦合效应. 森林与环境学报, 40(6): 561-568.

庞丹波. 2019. 断陷盆地区典型林分土壤有机碳组分特征研究. 北京: 北京林业大学博士学位论文.

彭新华, 张斌, 赵其国. 2004. 土壤有机碳库与土壤结构稳定性关系的研究进展. 土壤学报, 41(4): 618-623.

齐威, 郭淑青, 崔现亮, 等. 2012. 青藏高原东部 4 科植物种子大小和比叶面积随海拔和生境的变异. 草业学报, 21(6): 42-50.

祁迎春, 王益权, 刘军, 等. 2011. 不同土地利用方式土壤团聚体组成及几种团聚体稳定性指标的比较. 农业工程学报, 27(1): 340-347.

覃志伟, 周晓果, 温远光, 等. 2019. 去除和添加凋落物对马尾松×红锥混交林土壤呼吸的影响. 广西科学, 26(2): 199-206.

卿明亮, 匡顺, 张雨佳, 等. 2019. 贺兰山不同坡位油松林的土壤呼吸特征. 中南林业科技大学学报, 39(9): 59-67.

仇瑶, 常顺利, 张毓涛, 等. 2015. 天山林区六种灌木生物量的建模及其器官分配的适应性. 生态学报, 35(23): 7842-7851.

瞿晴, 徐红伟, 吴旋, 等. 2019. 黄土高原不同植被带人工刺槐林土壤团聚体稳定性及其化学计量特征. 环境科学, 40(6): 2904-2911.

曲潇琳. 2018. 宁夏土壤发生发育特性及系统分类研究. 北京: 中国农业科学院硕士学位论文.

任军辉, 刘建军, 刘斌, 等. 2011. 宁夏贺兰山天然油松林碳储量和碳密度. 东北林业大学学报, 39(5): 108-110.

任玉连, 陆梅, 曹乾斌, 等. 2019. 南滚河国家级自然保护区典型植被类型土壤有机碳及全氮储量的空间分布特征. 北京林业大学学报, 41(11): 104-115.

任运涛, 徐翀, 张晨曦, 等. 2017. 贺兰山青海云杉针叶 C、N、P 含量及其计量比随环境因子的变化特征. 干旱区资源与环境, 31(6): 185-191.

邵永昌, 庄家尧, 王柏昌, 等. 2016. 上海地区主要绿化树种夏季光合特性和固碳释氧能力研究. 安徽农业大学学报, 43(1): 94-101.

沈永平, 王国亚. 2013. IPCC 第一工作组第五次评估报告对全球气候变化认知的最新科学要点. 冰川冻土, 35(5): 1068-1076.

史红文, 秦泉, 廖建雄, 等. 2011. 武汉市 10 种优势园林植物固碳释氧能力研究. 中南林业科技大学学报, 31(9): 87-90.

司高月, 李晓玉, 程淑兰, 等. 2017. 长白山垂直带森林叶片-凋落物-土壤连续体有机碳动态: 基于稳定性碳同位素分析. 生态学报, 37(16): 5285-5293.

斯贵才, 袁艳丽, 王建, 等. 2014. 藏东南森林土壤微生物群落结构与土壤酶活性随海拔梯度的变化. 微生物学通报, 41(10): 2001-2011.

宋佳, 黄晶, 高菊生, 等. 2021. 冬种绿肥和秸秆还田对双季稻区土壤团聚体和有机质官能团的影响. 应用生态学报, 32(2): 564-570.

宋敏, 邹冬生, 杜虎, 等. 2013. 不同土地利用方式下喀斯特峰丛洼地土壤微生物群落特征. 应用生态学报, 24(9): 2471-2478.

苏纪帅, 程积民, 高阳, 等. 2013. 宁夏大罗山 4 种主要植被类型的细根生物量. 应用生态学报, 24(3): 626-632.

孙锐, 荣媛, 苏红波, 等. 2016. MODIS 和 HJ-1CCD 数据时空融合重构 NDVI 时间序列. 遥感学报, 20(3): 361-373.

孙正国. 2015. 生物质炭对西瓜植株生长性质及品质的影响. 北方园艺, (24): 157-163.

田佳倩, 周志勇, 包彬, 等. 2008. 农牧交错区草地利用方式导致的土壤颗粒组分变化及其对土壤碳氮含量的影响. 植物生态学报, 32(3): 601-610.

万红云, 陈林, 庞丹波, 等. 2021. 贺兰山不同海拔土壤酶活性及其化学计量特征. 应用生态学报, 32(9): 3045-3052.

王冰, 张鹏杰, 张秋良. 2021. 不同林型兴安落叶松林土壤团聚体及其有机碳特征. 南京林业大学学报(自然科学版), 45(3): 15-24.

王冰冰, 曲来叶, 马克明, 等. 2015. 岷江上游干旱河谷优势灌丛群落土壤生态酶化学计量特征. 生态学报, 35(18): 6078-6088.

王富华, 吕盛, 黄容, 等. 2019. 缙云山 4 种森林植被土壤团聚体有机碳分布特征. 环境科学, 40(3): 1504-1511.

王光军, 田大伦, 闫文德, 等. 2009. 改变凋落物输入对杉木人工林土壤呼吸的短期影响. 植物生态学报, 33(4): 739-747.

王建林, 欧阳华, 王忠红, 等. 2009. 青藏高原高寒草原土壤活性有机碳的分布特征. 地理学报, 64 (7): 771-781.

王金亮. 1994. 高黎贡山南段森林土壤肥力特征. 云南师范大学学报(自然科学版), 14(4): 95-101.

王丽丽, 宋长春, 郭跃东, 等. 2009. 三江平原不同土地利用方式下凋落物对土壤呼吸的贡献. 环境科学, 30(11): 3130-3135.

王绍武. 2010. 全球气候变暖的争议. 科学通报, 55(16): 1529-1531.

王晟强, 杜磊, 叶绍明. 2020. 桂南茶园土壤团聚体有机碳和养分对植茶年限的响应. 应用生态学报, 31(3): 837-844.

王曙光, 侯彦林. 2004. 磷脂脂肪酸方法在土壤微生物分析中的应用. 微生物学通报, 31(1): 114-117.

王天娇. 2019. 长白山林下湿地植物-凋落物-土壤连续体碳同位素特征研究. 延吉: 延边大学硕士学位论文.

王文文. 2012. 黄河三角洲湿地生态系统植物 $\delta^{13}C$ 值对土壤盐分的响应. 烟台: 鲁东大学硕士学位论文.

王心怡, 周聪, 冯文瀚, 等. 2019. 不同林龄杉木人工林土壤团聚体及其有机碳变化特征. 水土保持学报, 33(5): 126-131.

王雅琼, 张建军, 李梁, 等. 2018. 祁连山区典型草地生态系统土壤抗冲性影响因子. 生态学报, 38(1): 122-131.

王艳丽, 字洪标, 程瑞希, 等. 2019. 青海省森林土壤有机碳氮储量及其垂直分布特征. 生态学报, 39(11): 4096-4105.

王云霓, 熊伟, 王彦辉, 等. 2012. 六盘山主要树种叶片稳定性碳同位素组成的时空变化特征. 水土保持研究, 19(3): 42-47.

尉建埔. 2016. 氮添加对帽儿山地区六树种人工林土壤微生物生物量及群落结构的影响. 哈尔滨: 东北林业大学硕士学位论文.

魏书精, 罗碧珍, 魏书威, 等. 2014. 森林生态系统土壤呼吸测定方法研究进展. 生态环境学报, 23(3): 504-514.

魏亚伟, 苏以荣, 陈香碧, 等. 2011. 人为干扰对喀斯特土壤团聚体及其有机碳稳定性的影响. 应用生态学报, 22(4): 971-978.

文伟, 彭友贵, 谭一凡, 等. 2018. 深圳市森林土壤主要类型有机碳分布特征. 西南林业大学学报(自然科学), 38(6): 106-113.

文雅, 黄宁生, 匡耀求. 2010. 广东省山区土壤有机碳密度特征及空间格局. 应用基础与工程科学学报, 18(S1): 10-18.

吴梦瑶. 2021. 贺兰山不同海拔土壤团聚体及有机碳稳定性研究. 银川: 宁夏大学硕士学位论文.

吴梦瑶, 陈林, 庞丹波, 等. 2021a. 贺兰山不同海拔植被下土壤团聚体分布及其稳定性研究. 水土保持学报, 35(2): 210-216.

吴梦瑶, 陈林, 庞丹波, 等. 2021b. 贺兰山不同海拔植被下土壤团聚体分布及其稳定性研究. 水土保持学报, 35(2): 210-216.

吴雅琼, 刘国华, 傅伯杰, 等. 2007. 中国森林生态系统土壤 CO_2 释放分布规律及其影响因素. 生态学报, 27(5): 2126-2135.

吴愉萍. 2009. 基于磷脂脂肪酸(PLFA)分析技术的土壤微生物群落结构多样性的研究. 杭州: 浙江大学博士学位论文.

吴则焰, 林文雄, 陈志芳, 等. 2014. 武夷山不同海拔植被带土壤微生物 PLFA 分析. 林业科学, 50(7): 105-112.

习丹, 余泽平, 熊勇, 等. 2020. 江西官山常绿阔叶林土壤有机碳组分沿海拔的变化. 应用生态学报, 31(10): 3349-3356.

夏国威, 孙晓梅, 陈东升, 等. 2019. 日本落叶松冠层光合特性的空间变化. 林业科学, 55(6): 13-21.

向业凤. 2014. 黄龙山林区林地开垦和弃耕地造林对土壤有机碳的影响. 成都: 四川农业大学硕士学位论文.

谢育利, 陈云明, 唐亚坤, 等. 2017. 地表凋落物对油松、沙棘人工林土壤呼吸的影响. 水土保持研究, 24(6): 52-61.

解欢欢, 马文瑛, 赵传燕, 等. 2017. 苔藓和凋落物对祁连山青海云杉林土壤呼吸的影响. 生态学报, 37(5): 1379-1390.

解梦怡, 冯秀秀, 马寰菲, 等. 2020. 秦岭锐齿栎林土壤酶活性与化学计量比变化特征及其影响因素. 植物生态学报, 44(8): 885-894.

徐侠, 陈月琴, 汪家社, 等. 2008. 武夷山不同海拔高度土壤活性有机碳变化. 应用生态学报, 19(3): 539-544.

许浩, 张源润, 季波, 等. 2014. 贺兰山主要森林类型土壤和根系有机碳研究. 干旱区资源与环境, 28(2): 162-166.

许淼平, 任成杰, 张伟, 等. 2018. 土壤微生物生物量碳氮磷与土壤酶化学计量对气候变化的响应机制. 应用生态学报, 29(7): 2445-2454

许文强, 张豫芳, 陈曦, 等. 2010. 天山北坡山地针叶林土壤性质随海拔梯度的变化特征 // 中国自然资源学会. 中国山区土地资源开发利用与人地协调发展研究. 北京: 414-420.

薛斌. 2020. 秸秆还田下稻-油轮作土壤中团聚体的胶结物特点与稳定性. 武汉: 华中农业大学博士学位论文.

薛立, 薛晔, 列淦文, 等. 2012. 不同坡位杉木林土壤碳储量研究. 水土保持通报, 32(6): 43-46.

薛雪, 李娟娟, 郑云峰, 等. 2015. 5 个常绿园林树种的夏季光合蒸腾特性. 林业科学, 51(9): 150-156.

闫雷, 董天浩, 喇乐鹏, 等. 2020. 免耕和秸秆还田对东北黑土区土壤团聚体组成及有机碳含量的影响. 农业工程学报, 36(22): 181-188.

阎欣, 安慧. 2017. 宁夏荒漠草原沙漠化过程中土壤粒径分形特征. 应用生态学报, 28(10): 3243-3250.

杨昊天, 王增如, 贾荣亮. 2018. 腾格里沙漠东南缘荒漠草地不同群落类型土壤有机碳分布及储量特征. 植物生态学报, 42(3): 288-296.

杨丽丽, 王彦辉, 文仕知, 等. 2015. 六盘山四种森林生态系统的碳氮储量、组成及分布特征. 生态学报, 35(15): 5215-5227.

杨培岭, 罗远培, 石元春. 1993. 用粒径的重量分布表征的土壤分形特征. 科学通报, 38(20): 1896-1899.

杨苏, 李传哲, 徐聪, 等. 2020. 绿肥和凹凸棒添加对黄河故道潮土土壤结构和碳氮含量的影响. 水土保持通报, 40(2): 199-204.

余再鹏, 黄志群, 王民煌, 等. 2014. 亚热带米老排和杉木人工林土壤呼吸季节动态及其影响因子. 林业科学, 50(8): 7-14.

喻阳华, 程雯, 杨丹丽, 等. 2018. 黔西北次生林优势树种叶片-凋落物-土壤连续体有机质碳稳定同位素特征. 生态学报, 38(24): 8733-8740.

袁大刚, 张甘霖. 2010. 不同土地利用条件下的城市土壤电导率垂直分布特征. 水土保持学报, 24(4): 171-176.

张博, 王伟, 马履一, 等. 2013. 河北油松人工林土壤呼吸特征及其温度敏感性. 东北林业大学学报, 41(11): 73-77, 42.

张超, 闫文德, 郑威, 等. 2013. 凋落物对樟树和马尾松混交林土壤呼吸的影响. 西北林学院学报, 28(3): 22-27.

张地, 张育新, 曲来叶, 等. 2012. 海拔对辽东栎林地土壤微生物群落的影响. 应用生态学报, 23(8): 2041-2048.

张光亮, 白军红, 贾佳, 等. 2018. 互花米草入侵对黄河口盐沼湿地土壤溶解性有机碳空间分布的影响. 北京师范大学学报(自然科学版), 54(1): 90-97.

张慧文. 2010. 天山现代植物和表土有机稳定碳同位素组成的海拔响应特征. 兰州: 兰州大学博士学位论文.

张嘉睿, 段晓洋, 兰天翔, 等. 2024. 植物多样性对土壤有机碳及其稳定性影响的研究进展. 植物生态学报, 48(11): 1393-1405.

张娇, 施拥军, 朱月清, 等. 2013. 浙北地区常见绿化树种光合固碳特征. 生态学报, 33(6): 1740-1750.

张俊兴. 2011. 温带三种典型森林群落土壤呼吸季节动态及驱动机制研究. 呼和浩特: 内蒙古农业大学硕士学位论文.

张柳, 詹乔斯, 郭微, 等. 2023. 11种红树植物光合作用特性及光合固碳释氧能力研究. 亚热带植物科学, 52(6): 465-474.

张萍, 章广琦, 赵一娉, 等. 2018. 黄土丘陵区不同森林类型叶片-凋落物-土壤生态化学计量特征. 生态学报, 38(14): 5087-5098.

张倩. 2019. 云和梯田不同海拔土壤微生物多样性及硝化作用差异研究. 杭州: 浙江大学博士学位论文.

张帅普, 邵明安. 2014. 绿洲边缘土壤水分与有机质空间分布及变异特征. 干旱区研究, 31(5): 812-818.

张维砚. 2012. 天童常绿阔叶林不同演替群落有机质碳同位素垂直分布特征研究. 上海: 华东师范大学硕士学位论文.

张艳丽, 费世民, 李智勇, 等. 2013. 成都市沙河主要绿化树种固碳释氧和降温增湿效益. 生态学报, 33(12): 3878-3887.

张义凡. 2018. 荒漠草原三种典型群落土壤有机碳库稳定性及其影响因素研究. 银川: 宁夏大学硕士学位论文.

张芸, 李惠通, 魏志超, 等. 2016. 不同发育阶段杉木人工林土壤有机质特征及团聚体稳定性.

生态学杂志, 35(8): 2029-2037.

张仲胜, 李敏, 宋晓林, 等. 2018. 气候变化对土壤有机碳库分子结构特征与稳定性影响研究进展. 土壤学报, 55(2): 273-282.

赵茂强. 2020. 土壤微生物多样性海拔分布格局研究现状分析. 绿色科技, 22(2): 23-25.

赵盼盼, 周嘉聪, 林开淼, 等. 2019. 海拔梯度变化对中亚热带黄山松土壤微生物生物量和群落结构的影响. 生态学报, 39(6): 2215-2225.

赵伟文, 梁文俊, 魏曦. 2019. 关帝山不同海拔华北落叶松人工林土壤养分特征. 江西农业大学学报, 41(6): 1103-1112.

赵文瑞, 刘鑫, 张金池, 等. 2016. 南京城郊典型树种光合蒸腾、固碳释氧及降温增湿能力. 林业科学, 52(9): 31-38.

赵晓春, 刘建军, 任军辉, 等. 2011. 贺兰山 4 种典型森林类型凋落物持水性能研究. 水土保持研究, 18(2): 107-111.

郑洁, 刘金福, 吴则焰, 等. 2017. 闽江河口红树林土壤微生物群落对互花米草入侵的响应. 生态学报, 37(21): 7293-7303.

郑子成, 刘敏英, 李廷轩. 2013. 不同植茶年限土壤团聚体有机碳的分布特征. 中国农业科学, 46(9): 1827-1836.

智文燕. 2018. 国内旅游者对山西文化旅游产品满意度研究. 沈阳: 辽宁大学硕士学位论文.

周强, 胡淑宝, 王青青, 等. 2015. 6 种生态型香根草光合光响应特征及光合参数日变化的比较. 生态与农村环境学报, 31(5): 690-696.

周晓宇, 张称意, 郭广芬. 2010. 气候变化对森林土壤有机碳贮藏影响的研究进展. 应用生态学报, 21(7): 1867-1874.

朱文杰. 2011. 秦岭主峰太白山北坡土壤放线菌研究. 杨凌: 西北农林科技大学硕士学位论文.

朱源, 康慕谊, 江源, 等. 2008. 贺兰山木本植物群落物种多样性的海拔格局. 植物生态学报, 32(3): 574-581.

Acton P, Fox J, Campbell E, et al. 2013. Carbon isotopes for estimating soil decomposition and physical mixing in well-drained forest soils. Journal of Geophysical Research: Biogeosciences, 118(4): 1532-1545.

Alberto F J, Aitken S N, Alía R, et al. 2013. Potential for evolutionary responses to climate change – evidence from tree populations. Global Change Biology, 19(6): 1645-1661.

Ale R T, Zhang L, Li X, et al. 2018. Leaf $\delta^{13}C$ as an indicator of water availability along elevation gradients in the dry Himalayas. Ecological Indicators, 94: 266-273.

Amundson R, Franco-Vizcaíno E, Graham R C, et al. 1994. The relationship of precipitation seasonality to the flora and stable isotope chemistry of soils in the Vizcaíno desert, Baja California, México. Journal of Arid Environments, 28(4): 265-279.

An H, Li Q L, Yan X, et al. 2019a. Desertification control on soil inorganic and organic carbon accumulation in the topsoil of desert grassland in Ningxia, Northwest China. Ecological Engineering, 127: 348-355.

An H, Tang Z S, Keesstra S, et al. 2019b. Impact of desertification on soil and plant nutrient stoichiometry in a desert grassland. Scientific Reports, 9(1): 9422.

Anh P T Q, Gomi T, MacDonald L H, et al. 2014. Linkages among land use, macronutrient levels, and soil erosion in northern Vietnam: a plot-scale study. Geoderma, 232-234: 352-362.

Arrouays D, Vion I, Kicin J L. 1995. Spatial analysis and modeling of topsoil carbon storage in temperate forest humic loamy soils of France. Soil Science, 159(3): 191-198.

Arunachalam K, Arunachalam A. 2000. Effect of soil pH on nitrogen mineralization in regrowing humid subtropical forests of Meghalaya. Journal of the Indian Society of Soil Science, 48(1): 98-101.

Balesdent J, Girardin C, Mariotti A. 1993. Site-related $\delta^{13}C$ of tree leaves and soil organic matter in a temperate forest. Ecology, 74(6): 1713-1721.

Beer C, Reichstein M, Tomelleri E, et al. 2010. Terrestrial gross carbon dioxide uptake: global distribution and covariation with climate. Science, 329(5993): 834-838.

Bell T H, Klironomos J N, Henry H A L. 2010. Seasonal responses of extracellular enzyme activity and microbial biomass to warming and nitrogen addition. Soil Science Society of America Journal, 74(3): 820-828.

Bird M, Santrùcková H, Lloyd J, et al. 2002. The isotopic composition of soil organic carbon on a north-south transect in western Canada. European Journal of Soil Science, 53(3): 393-403.

Bryant J A, Lamanna C, Morlon H, et al. 2008. Microbes on mountainsides: contrasting elevational patterns of bacterial and plant diversity. Proceedings of the National Academy of Sciences of the United States of America, 105(Suppl 1): 11505-11511.

Bui E N, Henderson B L. 2013. C：N：P stoichiometry in Australian soils with respect to vegetation and environmental factors. Plant and Soil, 373(1/2): 553-568.

Callaway R M, Thelen G C, Barth S, et al. 2004. Soil fungi alter interactions between the invader *Centaurea maculosa* and North American natives. Ecology, 85(4): 1062-1071.

Chen H, Li D J, Xiao K C, et al. 2018. Soil microbial processes and resource limitation in karst and non-karst forests. Functional Ecology, 32(5): 1400-1409.

Chen L F, He Z B, Du J, et al. 2016. Patterns and environmental controls of soil organic carbon and total nitrogen in alpine ecosystems of northwestern China. CATENA, 137: 37-43.

Chen X L, Chen H Y H, Chen C, et al. 2020. Effects of plant diversity on soil carbon in diverse ecosystems: a global meta-analysis. Biological Reviews, 95(1): 167-183.

Chen Y H, Han W X, Tang L Y, et al. 2013. Leaf nitrogen and phosphorus concentrations of woody plants differ in responses to climate, soil and plant growth form. Ecography, 36(2): 178-184.

Chu X, Zhan J Y, Li Z H, et al. 2019. Assessment on forest carbon sequestration in the Three-North Shelterbelt Program region, China. Journal of Cleaner Production, 215: 382-389.

Crow S E, Lajtha K, Bowden R D, et al. 2009. Increased coniferous needle inputs accelerate decomposition of soil carbon in an old-growth forest. Forest Ecology and Management, 258(10): 2224-2232.

Cui Y X, Fang L C, Guo X B, et al. 2019. Natural grassland as the optimal pattern of vegetation restoration in arid and semi-arid regions: evidence from nutrient limitation of soil microbes. Science of the Total Environment, 648: 388-397.

Demenois J, Carriconde F, Bonaventure P, et al. 2018. Impact of plant root functional traits and associated mycorrhizas on the aggregate stability of a tropical Ferralsol. Geoderma, 312: 6-16.

Deng L, Peng C H, Huang C B, et al. 2019. Drivers of soil microbial metabolic limitation changes along a vegetation restoration gradient on the Loess Plateau, China. Geoderma, 353: 188-200.

Dixon R K, Solomon A M, Brown S, et al. 1994. Carbon pools and flux of global forest ecosystems. Science, 263(5144): 185-190.

Dlamini P, Chivenge P, Manson A, et al. 2014. Land degradation impact on soil organic carbon and nitrogen stocks of sub-tropical humid grasslands in South Africa. Geoderma, 235-236: 372-381.

Doerr S H, Shakesby R A, Walsh R P D. 2000. Soil water repellency: its causes, characteristics and hydro-geomorphological significance. Earth-Science Reviews, 51 (1-4): 33-65.

Donhauser J, Frey B. 2018. Alpine soil microbial ecology in a changing world. FEMS Microbiology

Ecology, 94(9): fiy099.

Du B M, Kang H Z, Pumpanen J, et al. 2014. Soil organic carbon stock and chemical composition along an altitude gradient in the Lushan Mountain, subtropical China. Ecological Research, 29(3): 433-439.

Eynard A, Schumacher T E, Lindstrom M J, et al. 2005. Effects of agricultural management systems on soil organic carbon in aggregates of Ustolls and Usterts. Soil and Tillage Research, 81(2): 253-263.

Fan H B, Wu J P, Liu W F, et al. 2015. Linkages of plant and soil C : N : P stoichiometry and their relationships to forest growth in subtropical plantations. Plant and Soil, 392(1-2): 127-138.

Fang C, Moncrieff J B. 2001. The dependence of soil CO_2 efflux on temperature. Soil Biology and Biochemistry, 33(2): 155-165.

Frostegård, Tunlid A, Bååth E. 1991. Microbial biomass measured as total lipid phosphate in soils of different organic content. Journal of Microbiological Methods, 14(3): 151-163.

Gai J P, Tian H, Yang F Y, et al. 2012. Arbuscular mycorrhizal fungal diversity along a Tibetan elevation gradient. Pedobiologia, 55(3): 145-151.

Gao F, Cui X Y, Sang Y, et al. 2020. Changes in soil organic carbon and total nitrogen as affected by primary forest conversion. Forest Ecology and Management, 463: 118013.

Gao Y, Zhou J, Wang L M, et al. 2019. Distribution patterns and controlling factors for the soil organic carbon in four mangrove forests of China. Global Ecology and Conservation, 17: e00575.

Gautam M K, Lee K S, Song B Y, et al. 2017. Site related $\delta^{13}C$ of vegetation and soil organic carbon in a cool temperate region. Plant and Soil, 418(1-2): 293-306.

Gonzalez J M, Portillo M C, Piñeiro-Vidal M. 2015. Latitude-dependent underestimation of microbial extracellular enzyme activity in soils. International Journal of Environmental Science and Technology, 12(7): 2427-2434.

Gregorich E G, Beare M H, Stoklas U, et al. 2003. Biodegradability of soluble organic matter in maize-cropped soils. Geoderma, 113(3-4): 237-252.

Guan S, An N, Zong N, et al. 2018. Climate warming impacts on soil organic carbon fractions and aggregate stability in a Tibetan alpine meadow. Soil Biology and Biochemistry, 116: 224-236.

Guckert J B, Hood M A, White D C. 1986. Phospholipid ester-linked fatty acid profile changes during nutrient deprivation of *Vibrio cholerae*: increases in the *trans/cis* ratio and proportions of cyclopropyl fatty acids. Applied and Environmental Microbiology, 52(4): 794-801.

Guo X P, Chen H Y H, Meng M J, et al. 2016. Effects of land use change on the composition of soil microbial communities in a managed subtropical forest. Forest Ecology and Management, 373: 93-99.

Guo Z C, Zhang Z B, Zhou H, et al. 2019. The effect of 34-year continuous fertilization on the SOC physical fractions and its chemical composition in a Vertisol. Scientific Reports, 9(1): 2505.

Han X M, Wang R Q, Liu J, et al. 2007. Effects of vegetation type on soil microbial community structure and catabolic diversity assessed by polyphasic methods in North China. Journal of Environmental Sciences, 19(10): 1228-1234.

He S Q, Zheng Z C, Zhu R H. 2021. Long-term tea plantation effects on composition and stabilization of soil organic matter in Southwest China. CATENA, 199: 105132.

He Z B, Zhao W Z, Liu H, et al. 2012. The response of soil moisture to rainfall event size in subalpine grassland and meadows in a semi-arid mountain range: a case study in northwestern China's Qilian Mountains. Journal of Hydrology, 420: 183-190.

Helfrich M, Ludwig B, Thoms C, et al. 2015. The role of soil fungi and bacteria in plant litter decomposition and macroaggregate formation determined using phospholipid fatty acids. Applied Soil Ecology, 96: 261-264.

Hemingway J D, Rothman D H, Grant K E, et al. 2019. Mineral protection regulates long-term global preservation of natural organic carbon. Nature, 570(7760): 228-231.

Hofmann K, Lamprecht A, Pauli H, et al. 2016. Distribution of prokaryotic abundance and microbial nutrient cycling across a high-alpine altitudinal gradient in the Austrian central Alps is affected by vegetation, temperature, and soil nutrients. Microbial Ecology, 72(3): 704-716.

Hossain Z, Sugiyama S I. 2011. Geographical structure of soil microbial communities in northern Japan: effects of distance, land use type and soil properties. European Journal of Soil Biology, 47(2): 88-94.

Jenkinson D S, Adams D E, Wild A. 1991. Model estimates of CO_2 emissions from soil in response to global warming. Nature, 351: 304-306.

Ji H, Han J G, Xue J M, et al. 2020. Soil organic carbon pool and chemical composition under different types of land use in wetland: implication for carbon sequestration in wetlands. Science of the Total Environment, 716: 136996.

Ji H B, Zhuang S Y, Zhu Z L, et al. 2015. Soil organic carbon pool and its chemical composition in *Phyllostachy pubescens* forests at two altitudes in Jian-ou City, China. PLoS ONE, 10(12): e0146029.

Jiang Y, Kang M Y, Zhu Y, et al. 2007. Plant biodiversity patterns on Helan Mountain, China. Acta Oecologica, 32(2): 125-133.

Jiménez J J, Igual J M, Villar L, et al. 2019. Hierarchical drivers of soil microbial community structure variability in "Monte Perdido" Massif (Central Pyrenees). Scientific Reports, 9: 8768.

Jin Z, Dong Y S, Qi Y C, et al. 2013. Characterizing variations in soil particle-size distribution along a grass–desert shrub transition in the Ordos Plateau of Inner Mongolia, China. Land Degradation & Development, 24(2): 141-146.

Jing X, Yang X X, Ren F, et al. 2016. Neutral effect of nitrogen addition and negative effect of phosphorus addition on topsoil extracellular enzymatic activities in an alpine grassland ecosystem. Applied Soil Ecology, 107: 205-213.

Jing Y L, Zhang Y H, Han I, et al. 2020. Effects of different straw biochars on soil organic carbon, nitrogen, available phosphorus, and enzyme activity in paddy soil. Scientific Reports, 10(1): 8837.

Kaiser C, Koranda M, Kitzler B, et al. 2010. Belowground carbon allocation by trees drives seasonal patterns of extracellular enzyme activities by altering microbial community composition in a beech forest soil. New Phytologist, 187(3): 843-858.

Kivlin S N, Treseder K K. 2014. Soil extracellular enzyme activities correspond with abiotic factors more than fungal community composition. Biogeochemistry, 117: 23-37.

Koch O, Tscherko D, Kandeler E. 2007. Temperature sensitivity of microbial respiration, nitrogen mineralization, and potential soil enzyme activities in organic alpine soils. Global Biogeochemical Cycles, 21: 1-11.

Koerselman W, Meuleman A F M. 1996. The vegetation N∶P ratio: a new tool to detect the nature of nutrient limitation. Journal of Applied Ecology, 33(6): 1441-1450.

Kramer M G, Sanderman J, Chadwick O A, et al. 2012. Long-term carbon storage through retention of dissolved aromatic acids by reactive particles in soil. Global Change Biology, 18(8): 2594-2605.

Kurmi B, Nath A J, Lal R, et al. 2020. Water stable aggregates and the associated active and recalcitrant carbon in soil under rubber plantation. Science of the Total Environment, 703: 135498.

Lal R. 2010. Managing soils and ecosystems for mitigating anthropogenic carbon emissions and advancing global food security. BioScience, 60(9): 708-721.

Lambers H, Brundrett M C, Raven J A, et al. 2010. Plant mineral nutrition in ancient landscapes: high plant species diversity on infertile soils is linked to functional diversity for nutritional strategies. Plant and Soil, 334(1-2): 7-27.

Lee X Q, Feng Z D, Guo L L, et al. 2005. Carbon isotope of bulk organic matter: a proxy for precipitation in the arid and semiarid central East Asia. Global Biogeochemical Cycles, 19(4): 1-8.

Li C L, Cao Z Y, Chang J J, et al. 2017. Elevational gradient affect functional fractions of soil organic carbon and aggregates stability in a Tibetan alpine meadow. CATENA, 156: 139-148.

Li L G, Vogel J, He Z L, et al. 2016. Association of soil aggregation with the distribution and quality of organic carbon in soil along an elevation gradient on Wuyi Mountain in China. PLoS ONE, 11(3): e0150898.

Li N, Long J H, Han X Z, et al. 2020. Molecular characterization of soil organic carbon in water-stable aggregate fractions during the early pedogenesis from parent material of Mollisols. Journal of Soils and Sediments, 20: 1869-1880.

Liang C, Fujinuma R, Balser T C. 2008. Comparing PLFA and amino sugars for microbial analysis in an Upper Michigan old growth forest. Soil Biology and Biochemistry, 40(8): 2063-2065.

Liao J D, Boutton T W, Jastrow J D. 2006. Organic matter turnover in soil physical fractions following woody plant invasion of grassland: evidence from natural ^{13}C and ^{15}N. Soil Biology and Biochemistry, 38(11): 3197-3210.

Liu C, Dong Y T, Li Z W, et al. 2017. Tracing the source of sedimentary organic carbon in the Loess Plateau of China: an integrated elemental ratio, stable carbon signatures, and radioactive isotopes approach. Journal of Environmental Radioactivity, 167: 201-210.

Lu M Z, Yang M Y, Yang Y R, et al. 2019. Soil carbon and nutrient sequestration linking to soil aggregate in a temperate fen in Northeast China. Ecological Indicators, 98: 869-878.

Lugo M A, Ferrero M, Menoyo E, et al. 2008. Arbuscular mycorrhizal fungi and rhizospheric bacteria diversity along an altitudinal gradient in South American Puna grassland. Microbial Ecology, 55(4): 705-713.

Ma J Y, Sun W, Zhang H W, et al. 2009. Stable carbon isotope characteristics of different plant species and surface soil in arid regions. Frontiers of Earth Science in China, 3(1): 107-111.

Margesin R, Jud M, Tscherko D, et al. 2009. Microbial communities and activities in alpine and subalpine soils. FEMS Microbiology Ecology, 67: 208-218.

Marx M C, Wood M, Jarvis S C. 2001. A microplate fluorimetric assay for the study of enzyme diversity in soils. Soil Biology and Biochemistry, 33: 1633-1640.

Massaccesi L, Bardgett R D, Agnelli A, et al. 2015. Impact of plant species evenness, dominant species identity and spatial arrangement on the structure and functioning of soil microbial communities in a model grassland. Oecologia, 177: 747-759.

Mathers N J, Xu Z H. 2003. Solid-state ^{13}C NMR spectroscopy: characterization of soil organic matter under two contrasting residue management regimes in a 2-year-old pine plantation of subtropical Australia. Geoderma, 114(1-2): 19-31.

McDowell-Boyer L M, Hunt J R, Sitar N. 1986. Particle transport through porous media. Water Resources Research, 22(13): 1901-1921.

McKinney C R, McCrea J M, Epstein S, et al. 1950. Improvements in mass spectrometers for the measurement of small differences in isotope abundance ratios. Review of Scientific Instruments, 21(8): 724-730.

Mooshammer M, Wanek W, Zechmeister-Boltenstern S, et al. 2014. Stoichiometric imbalances between terrestrial decomposer communities and their resources: mechanisms and implications of microbial adaptations to their resources. Frontiers in Microbiology, 5: 22.

Murphy K L, Klopatek J M, Klopatek C C. 1998. The effects of litter quality and climate on decomposition along an elevational gradient. Ecological Applications, 8(4): 1061-1071.

Murugan R, Djukic I, Keiblinger K, et al. 2019. Spatial distribution of microbial biomass and residues across soil aggregate fractions at different elevations in the Central Austrian Alps. Geoderma, 339: 1-8.

Nichols J D. 1984. Relation of organic carbon to soil properties and climate in the southern Great Plains. Soil Science Society of America Journal, 48(6): 1382-1384.

Okimoto Y, Nose A, Oshima K, et al. 2013. A case study for an estimation of carbon fixation capacity in the mangrove plantation of *Rhizophora apiculata* trees in Trat, Thailand. Forest Ecology and Management, 310: 1016-1026.

Otto A, Simpson M J. 2005. Degradation and preservation of vascular plant-derived biomarkers in grassland and forest soils from western Canada. Biogeochemistry, 74(3): 377-409.

Pan Y D, Birdsey R A, Fang J Y, et al. 2011. A large and persistent carbon sink in the world's forests. Science, 333: 988-993.

Pan Y D, Birdsey R A, Phillips O L, et al. 2013. The structure, distribution, and biomass of the world's forests. Annual Review of Ecology, Evolution, and Systematics, 44: 593-622.

Pang D B, Wang G Z, Li G J, et al. 2018. Ecological stoichiometric characteristics of two typical plantations in the Karst ecosystem of southwestern China. Forests, 9(2): 56.

Pedersen J A, Simpson M A, Bockheim J G, et al. 2011. Characterization of soil organic carbon in drained thaw-lake basins of Arctic Alaska using NMR and FTIR photoacoustic spectroscopy. Organic Geochemistry, 42(8): 947-954.

Peiffer J A, Spor A, Koren O, et al. 2013. Diversity and heritability of the maize rhizosphere microbiome under field conditions. Proceedings of the National Academy of Sciences of the United States of America, 110(16): 6548-6553.

Peng X Q, Wang W. 2016. Stoichiometry of soil extracellular enzyme activity along a climatic transect in temperate grasslands of northern China. Soil Biology and Biochemistry, 98: 74-84.

Pisani O, Hills K M, Courtier-Murias D, et al. 2013. Molecular level analysis of long term vegetative shifts and relationships to soil organic matter composition. Organic Geochemistry, 62: 7-16.

Post W M, Emanuel W R, Zinke P J, et al. 1982. Soil carbon pools and world life zones. Nature, 298: 156-159.

Praeg N, Pauli H, Illmer P. 2019. Microbial diversity in bulk and rhizosphere soil of ranunculus glacialis along a high-alpine altitudinal gradient. Frontiers in Microbiology, 10: 1429.

Prince S D. 1991. Satellite remote sensing of primary production: comparison of results for Sahelian grasslands 1981-1988. International Journal of Remote Sensing, 12(6): 1301-1311.

Shen C C, Ni Y Y, Liang W J, et al. 2015. Distinct soil bacterial communities along a small-scale elevational gradient in alpine tundra. Frontiers in Microbiology, 6: 582.

Shen D Y, Ye C L, Hu Z K, et al. 2018. Increased chemical stability but decreased physical protection of soil organic carbon in response to nutrient amendment in a Tibetan alpine meadow. Soil Biology and Biochemistry, 126: 11-21.

Shi W Q, Wang G A, Han W X. 2012. Altitudinal variation in leaf nitrogen concentration on the eastern slope of Mount Gongga on the Tibetan Plateau, China. PLoS ONE, 7(9): e44628.

Sinsabaugh R L, Carreiro M M, Repert D A. 2002. Allocation of extracellular enzymatic activity in relation to litter composition, N deposition, and mass loss. Biogeochemistry, 60: 1-24.

Sinsabaugh R L, Hill B H, Follstad Shah J J. 2009. Ecoenzymatic stoichiometry of microbial organic nutrient acquisition in soil and sediment. Nature, 462(7274): 795-798.

Sinsabaugh R L, Lauber C L, Weintraub M N, et al. 2008. Stoichiometry of soil enzyme activity at global scale. Ecology Letters, 11: 1252-1264.

Six J, Bossuyt H, Degryze S, et al. 2004. A history of research on the link between (micro)aggregates, soil biota, and soil organic matter dynamics. Soil and Tillage Research, 79(1): 7-31.

Six J, Conant R T, Paul E A, et al. 2002. Stabilization mechanisms of soil organic matter: implications for C-saturation of soils. Plant and Soil, 241(2): 155-176.

Six J, Elliott E T, Paustian K. 2000. Soil macroaggregate turnover and microaggregate formation: a mechanism for C sequestration under no-tillage agriculture. Soil Biology and Biochemistry, 32(14): 2099-2103.

Sollins P, Kramer M G, Swanston C, et al. 2009. Organic C and N stabilization across soils of contrasting mineralogy: further evidence from sequential density fractionation. Biogeochemistry, 96: 209-231.

Soudzilovskaia N A, van Bodegom P M, Cornelissen J H C. 2013. Dominant bryophyte control over high-latitude soil temperature fluctuations predicted by heat transfer traits, field moisture regime and laws of thermal insulation. Functional Ecology, 27(6): 1442-1454.

Spielvogel S, Prietzel J, Kögel-Knabner I. 2016. Stand scale variability of topsoil organic matter composition in a high-elevation Norway spruce forest ecosystem. Geoderma, 267: 112-122.

Strickland M S, Rousk J. 2010. Considering fungal: bacterial dominance in soils – Methods, controls, and ecosystem implications. Soil Biology and Biochemistry, 42(9): 1385-1395.

Sun S Q, Wu Y H, Zhang J, et al. 2019. Soil warming and nitrogen deposition alter soil respiration, microbial community structure and organic carbon composition in a coniferous forest on eastern Tibetan Plateau. Geoderma, 353: 283-292.

Tan W B, Wang G A, Huang C H, et al. 2017. Physico-chemical protection, rather than biochemical composition, governs the responses of soil organic carbon decomposition to nitrogen addition in a temperate agroecosystem. Science of the Total Environment, 598: 282-288.

Tang M Z, Li L, Wang X L, et al. 2020. Elevational is the main factor controlling the soil microbial community structure in alpine tundra of the Changbai Mountain. Scientific Reports, 10(1): 12442.

Tang Z Y, Xu W T, Zhou G Y, et al. 2018. Patterns of plant carbon, nitrogen, and phosphorus concentration in relation to productivity in China's terrestrial ecosystems. Proceedings of the National Academy of Sciences of the United States of America, 115(16): 4033-4038.

Throckmorton H M, Bird J A, Dane L, et al. 2012. The source of microbial C has little impact on soil organic matter stabilisation in forest ecosystems. Ecology Letters, 15(11): 1257-1265.

Townsend A R, Cleveland C C, Asner G P, et al. 2007. Controls over foliar N ∶ P ratios in tropical rain forests. Ecology, 88(1): 107-118.

Vitousek P M, Field C B, Matson P A. 1990. Variation in foliar $\delta^{13}C$ in Hawaiian *Metrosideros polymorpha*: a case of internal resistance. Oecologia, 84(3): 362-370.

Wallenius K, Rita H, Mikkonen A, et al. 2011. Effects of land use on the level, variation and spatial structure of soil enzyme activities and bacterial communities. Soil Biology and Biochemistry, 43: 1464-1473.

Wang C, Houlton B Z, Liu D W, et al. 2018. Stable isotopic constraints on global soil organic carbon turnover. Biogeosciences, 15(4): 987-995.

Wang H, Liu S R, Wang J X, et al. 2016. Differential effects of conifer and broadleaf litter inputs on soil organic carbon chemical composition through altered soil microbial community composition.

Scientific Reports, 6: 27097.

Wang S, Huang M, Shao X M, et al. 2004. Vertical distribution of soil organic carbon in China. Environmental Management, 33: S200-S209.

Wu C S, Zhang Y P, Xu X L, et al. 2014. Influence of interactions between litter decomposition and rhizosphere activity on soil respiration and on the temperature sensitivity in a subtropical montane forest in SW China. Plant and Soil, 381(1/2): 215-224.

Wynn J G, Bird M I, Vellen L, et al. 2006. Continental-scale measurement of the soil organic carbon pool with climatic, edaphic, and biotic controls. Global Biogeochemical Cycles, 20(1): GB1007.

Xiao L, Yao K H, Li P, et al. 2020. Effects of freeze-thaw cycles and initial soil moisture content on soil aggregate stability in natural grassland and Chinese pine forest on the Loess Plateau of China. Journal of Soils and Sediments, 20(3): 1222-1230.

Xu Z W, Yu G R, Zhang X Y, et al. 2017. Soil enzyme activity and stoichiometry in forest ecosystems along the North-South Transect in eastern China (NSTEC). Soil Biology and Biochemistry, 104: 152-163.

Yang S Q, Zhao W W, Pereira P. 2020. Determinations of environmental factors on interactive soil properties across different land-use types on the Loess Plateau, China. Science of the Total Environment, 738: 140270.

Yao Y F, Ge N N, Yu S, et al. 2019. Response of aggregate associated organic carbon, nitrogen and phosphorous to re-vegetation in agro-pastoral ecotone of northern China. Geoderma, 341: 172-180.

Zak D R, Holmes W E, MacDonald N W, et al. 1999. Soil temperature, matric potential, and the kinetics of microbial respiration and nitrogen mineralization. Soil Science Society of America Journal, 63: 575-584.

Zechmeister-Boltenstern S, Keiblinger K M, Mooshammer M, et al. 2015. The application of ecological stoichiometry to plant–microbial–soil organic matter transformations. Ecological Monographs, 85(2): 133-155.

Zhang G Q, Zhang P, Peng S Z, et al. 2017. The coupling of leaf, litter, and soil nutrients in warm temperate forests in northwestern China. Scientific Reports, 7(1): 11754.

Zhang Y, Li P, Liu X J, et al. 2019. Effects of farmland conversion on the stoichiometry of carbon, nitrogen, and phosphorus in soil aggregates on the Loess Plateau of China. Geoderma, 351: 188-196.

Zhao Y F, Wang X, Ou Y S, et al. 2019. Variations in soil δ^{13}C with alpine meadow degradation on the eastern Qinghai-Tibet Plateau. Geoderma, 338: 178-186.

Zheng Y, Zhao Z, Zhou J J, et al. 2011. The importance of slope aspect and stand age on the photosynthetic carbon fixation capacity of forest: a case study with black locust (*Robinia pseudoacacia*) plantations on the Loess Plateau. Acta Physiologiae Plantarum, 33(2): 419-429.

Zheng Y, Zhou J J, Zhou H, et al. 2019. Photosynthetic carbon fixation capacity of black locust in rapid response to plantation thinning on the semiarid Loess Plateau in China. Pakistan Journal of Botany, 51(4): 1365-1374.

Zuo Y P, Li J P, Zeng H, et al. 2018. Vertical pattern and its driving factors in soil extracellular enzyme activity and stoichiometry along mountain grassland belts. Biogeochemistry, 141: 23-39.